低渗透油气田典型站场 VOCs 治理安全影响与防控

白红升　王荣敏　王　超　张玉强　编著

西北工业大学出版社

西　安

图书在版编目(CIP)数据

低渗透油气田典型站场 VOCs 治理安全影响与防控 / 白红升等编著. — 西安 : 西北工业大学出版社, 2023.11

ISBN 978-7-5612-9109-2

Ⅰ. ①低… Ⅱ. ①白… Ⅲ. ①低渗透油层-挥发性有机物-污染防治 Ⅳ. ①X513.6

中国国家版本馆 CIP 数据核字(2023)第 231664 号

DISHENTOU YOUQITIAN DIANXING ZHANCHANG VOCs ZHILI ANQUAN YINGXIANG YU FANGKONG

低渗透油气田典型站场 VOCs 治理安全影响与防控

白红升　王荣敏　王超　张玉强　编著

责任编辑：万灵芝　　**策划编辑：**黄　佩

责任校对：朱晓娟　　**装帧设计：**董晓伟

出版发行：西北工业大学出版社

通信地址：西安市友谊西路 127 号　　邮编:710072

电　　话：(029)88491757，88493844

网　　址：www.nwpup.com

印 刷 者：西安五星印刷有限公司

开　　本：710 mm×1 000 mm　　1/16

印　　张：14.375

字　　数：266 千字

版　　次：2023 年 11 月第 1 版　　2023 年 11 月第 1 次印刷

书　　号：ISBN 978-7-5612-9109-2

定　　价：76.00 元

如有印装问题请与出版社联系调换

《低渗透油气田典型站场 VOCs 治理安全影响与防控》编写组

组长：白红升　王荣敏

成员：(按姓氏拼音排序)

杜　鑫　苟晓涛　郭瑞华　郭亚红　黄　昱　李　丹
李西军　李欣欣　李艳芳　刘　统　任　哲　万小红
王　博　王　超　王国柱　王文武　吴志斌　徐　文
徐俊民　杨　梅　杨欢军　查广平　张　帆　张　昊
张　亮　张　昫　张玉强　张育华　周子栋

前　　言

2019 年 6 月 26 日，为贯彻落实《中共中央　国务院关于全面加强生态环境保护　坚决打好污染防治攻坚战的意见》、《国务院关于印发打赢蓝天保卫战三年行动计划的通知》(国发〔2018〕22 号)有关要求，深入实施《"十三五"挥发性有机物污染防治工作方案》，加强对各地工作指导，提高挥发性有机物(VOCs)治理的科学性、针对性和有效性，协同控制温室气体排放，生态环境部制定了《重点行业挥发性有机物综合治理方案》，提出当前和今后一段时期深入打好污染防治攻坚战的目标任务，以更高标准打好蓝天、碧水、净土保卫战。在打赢蓝天保卫战中明确要求：要聚焦秋冬季细颗粒物($PM_{2.5}$)污染，加大重点区域、重点行业结构调整和污染治理力度，着力打好重污染天气消除攻坚战；要聚焦夏秋季臭氧污染，大力推进 VOCs 和氮氧化物协同减排，着力打好臭氧污染防治攻坚战。

近年来，中国石油天然气集团有限公司全面贯彻《中共中央　国务院关于深入打好污染防治攻坚战的意见》，深入落实国务院国资委《关于进一步加强中央企业生态环境保护工作的通知》(国资厅发社责〔2022〕22 号)的要求，系统布局、统筹谋划，全面推动《中共中国石油天然气集团有限公司党组关于深入打好污染防治攻坚战的实施意见》落实落地，切实督促引导各所属单位提高思想认识、强化责任落实，持续围绕深入打好蓝天、碧水、净土保卫战重点任务，切实推动集团公司绿色升级，有效维护所属域内生态安全，高质量发展全链条环保产业。有力组织各所属企业协同推进大气、废水、土壤地下水、生态保护、环保产业等专项工程，持续加强生态环境源头防控和过程管控，大力推行清洁生产和循环经济，平稳运行污染治理设施，督办各项任务部署落实，切实推动生态环境保护形势持续稳定向好。针对 VOCs 排放治理，中国石油天然气集团有限公司先后开展了石油生产、炼化和油品储、运、销环节的治理，取得了显著成果。

《陆上石油天然气开采工业大气污染物排放标准》(GB 39728—2020)颁布后，陆上油气田油气集输与处理过程的VOCs排放标准得到明确，治理工作也提上了日程。该标准对原油、稳定轻烃等挥发性有机液体储存和装载、设备与管线组件泄漏、油气田采出水等集输和处理系统、火炬系统规定了措施性控制要求；对油气开采过程中的甲烷排放问题，对天然气(包括油田伴生气)生产、设备与管线组件泄漏、油气田采出水集输和处理系统、火炬系统等提出了协同控制要求。

《挥发性有机物无组织排放控制标准》(GB 37822—2019)规定了VOCs物料储存无组织排放控制要求、VOCs物料转移和输送无组织排放控制要求、工艺过程VOCs无组织排放控制要求、设备与管线组件VOCs泄漏控制要求、敞开液面VOCs无组织排放控制要求，以及VOCs无组织排放废气收集处理系统要求、企业厂区内及周边污染监控要求。

针对低渗透油气田典型站场生产过程中的VOCs排放和治理，长庆油田积极落实国家法律法规和标准规范要求，充分结合生产特点并从实际出发，开展了低渗透油气田典型站场VOCs治理安全影响与防控的有益探索和尝试，目前已经取得了阶段性进展。

本书结合石油天然气行业储罐、密封点泄漏、废水和循环水系统、原油装卸、工艺废气等源项VOCs工作环节，梳理了VOCs污染控制分类、VOCs污染调查的流程和方法，阐述了低渗透油气田特点及站场主体工艺VOCs防治技术、VOCs排放源特征、油气田典型站场VOCs治理安全隐患及防控，典型站场安全评价方法以及在施工改造VOCs过程中引起的安全事故，为进一步做好各单位的安全工作，同时为低渗透油气开采企业开展VOCs治理工作提供可借鉴的工作思路。

本书共分七章。第一章为VOCs污染控制概述，主要介绍了VOCs的概念及危害、国家对排放治理的要求、排放治理现状以及相关的法规标准体系；第二章是VOCs污染源调查方法，讲述了调查的目的与流程，资料的收集及污染源的监测；第三章主要针对石油天然气工业特点，介绍了典型站场VOCs治理主体工艺；第四章主要针对低渗透油气田特点，介绍了典型站场VOCs排放源特征；第五章介绍了典型站场VOCs治理安全隐患与防控；第六章介绍了典型站场运行安全评价方法；第七章介绍了VOCs治理工程中的六个典型事故案例，旨在提高读者所在单位在VOCs改造过程中对安全工作的重视程度。

本书由王荣敏、白红升主持编写，主要参与编写人员及负责章节如下：

第一章：白红升、万小红编写，郭亚红、杨梅校稿；

第二章：白红升、李丹编写，王国柱、黄昱校稿；

第三章：杜鑫、王超编写，张昀、张育华校稿；

第四章：杜鑫、吴志斌编写，李西军、张帆、周子栋校稿；

第五章：白红升、查广平编写，苟晓涛、徐俊民、郭瑞华校稿；

第六章：李欣欣、张玉强编写，张亮、张昊、刘统校稿；

第七章：白红升、任哲、徐文编写，王博、杨欢军、李艳芳校稿。

在本书成书过程中，王荣敏、王文武对全书进行了校稿并提出了建设性意见。

本书统稿工作由王超完成。

在编写本书的过程中，曾参阅相关文献资料，在此谨向其作者表示感谢。

由于笔者水平有限，书中疏漏和不足之处在所难免，恳请读者批评指正，以便进一步完善。

编著者

2023 年 9 月

目　　录

第一章　VOCs 污染控制概述

第一节　定义、分类与危害

一、定义

VOCs 是挥发性有机物(Volatile Organic Compounds)的英文缩写，是对此类物质的统称，近年来 VOCs 气体污染越来越受到人们的重视。

世界多国和相关机构对 VOCs 的定义不尽相同，目前尚无统一、公认的定义。世界卫生组织(WHO)的定义是"熔点低于室温而沸点为 50～260 ℃的有机化合物"；欧盟的定义是"20 ℃下蒸气压大于 0.1 kPa 的所有有机化合物"；美国的定义是"除一氧化碳、二氧化碳、碳酸、金属碳化物、金属碳酸盐和碳酸铵外，任何参与大气光化学反应的碳化合物"；德国的定义是"在通常压力条件下，沸点或初馏点低于或等于 250 ℃的任何有机化合物"。在文献中可以找到多种对 VOCs 的定义。诺埃尔·德·诺弗斯(Noel de Novers)对 VOCs 的具体描述是"在常温(20 ℃)下饱和蒸气压大于 70 Pa，常压下沸点小于 260 ℃的有机化合物"。澳大利亚国家环境保护局对 VOCs 的定义是"25 ℃下饱和蒸气压大于 0.27 kPa 除甲烷以外的有机化合物"。由此可见，挥发性表明此类有机物的物理特性，表征它的饱和蒸气压或沸点是一个大致范围。

二、分类

VOCs 种类繁多，按性质通常可分为包括烷烃、烯烃、炔烃、芳香烃在内的非甲烷碳氢化合物，含氧有机物(醛、酮、醇、醚等)，含氯有机物，含氮有机物，含硫有机物，等等。按照化学结构，VOCs 一般可分为烷烃类、芳香烃类、烯烃类、卤代烃类、酯类、醛类、酮类和其他化合物。进一步细化，VOCs 又可分为苯类、烷烃、烯烃、卤代烃、醇类、醛类、酮类、酚类、醚类、酸类、酯类和胺类等。

表1-1列出了一些典型的VOCs物质。从表中可以看出，VOCs包括脂肪族和芳香族的各种烷烃、烯烃、含氧烃和卤代烃。

表1-1 典型VOCs物质

类 别	典型物质
脂肪族VOCs	二氯甲烷、四氯化碳、正己烷、乙烯、三氯乙烯、乙醇、甲基硫醇、甲硫醚、甲醛、丙酮、乙酸、乙酸乙酯、三甲胺
芳香族VOCs	苯、甲苯、乙苯、二甲苯、苯酚、苯乙烯、氯苯、萘

三、危害

由于VOCs具有挥发性，因此在常温条件下很容易挥发到大气当中形成VOCs气体，从而可能对人体和环境产生危害，造成危VOCs气体污染。

首先，许多VOCs物质对生物具有毒性，对人类健康能够产生直接危害。部分VOCs毒性效应见表1-2。例如，苯(Benzene)、甲苯(Toluene)、乙苯(Ethylbenzene)、二甲苯(Xylene)四种物质合称为BTEX。BTEX是工业上经常使用的有机溶剂，广泛应用于油漆、脱脂、干洗、印刷、纺织、合成橡胶等工业领域。BTEX在生产、储运和使用过程中会挥发到大气中造成污染。经研究，BTEX具有神经毒性，会引起神经衰弱、头疼、失眠、眩晕、下肢疲惫等症状，具有遗传毒性(破坏DNA)，可导致与其长期接触的人患上贫血症和白血病。因此，BTEX被美国国家环境保护局(USEPA)列入优先控制的主要污染物名单。

表1-2 部分VOCs毒性效应

典型VOCs	毒性效应
丙烯醛、苯、甲苯	黏膜刺激剂
甲醇、甲醛、乙醛	呼吸道刺激剂
乙醛、丙酮、苯、甲苯	中枢神经系统抑制剂
乙炔、甲烷、丙烯	肾脏毒剂
异戊醇、苯	心血管系统毒剂
吲哚	血液毒剂
甲醇	末梢神经系统毒剂

续表

典型 VOCs	毒性效应
苯	造血组织毒剂
甲苯、肼	肝脏毒剂

许多相对分子质量较小的烃类或它们的衍生物能使人产生急性中毒，例如甲醇在 0.27×10^{-6}（体积分数）时就会使人感到不适。甲醛在 $4.4\times10^{-9}\sim10.46\times10^{-9}$（体积分数）时会对人的眼睛产生伤害。世界卫生组织欧洲事务局总结了 VOCs 对人体健康的影响，见表 1-3。

表 1-3　VOCs 对人体健康的影响

总有机物浓度/($mg\cdot m^{-3}$)	对人体健康的影响
<0.2	未发现有影响
0.2～0.3	可能有影响，但影响会很小
0.3～3	若有加合作用，会产生炎症和不适应的感觉
3～5	异味，居住者反应强烈
5～8	对生理影响明显，滞眼，鼻喉炎症
8～25	头疼、头晕
>25	头疼、毒害神经

其次，许多 VOCs 具有刺激性气味，相当一部分物质能产生臭味。这些物质存在于空气中，能够使人们产生不愉快的感觉，降低人们的生活环境质量。恶臭物质(Odorant)是指一切刺激嗅觉器官引起人们不愉快及破坏生活环境的气体物质。多数恶臭物质也具有挥发性。VOCs 与恶臭物质在危害与控制等方面具有许多相似之处。

在环境影响方面，排入大气的 VOCs 还能够与其他污染物作用产生二次污染物。例如臭氧和细颗粒物，造成光化学烟雾和霾的污染。此外，VOCs 的污染范围不局限在一个城市或国家内，随着它的扩散与迁移，VOCs 可以引起区域或全球大气环境问题，例如酸雨、臭氧层破坏、全球变暖等。因此，VOCs 的污染具有跨国性的特点。

第二节　排放源及排放状况

一、VOCs 排放源分类

VOCs 排放源可以分为自然源和人为源两类。自然源是由自然原因所造成的 VOCs 排放源，如植物释放、森林火灾、火山喷发等。人为源是指人类的生活和生产活动所造成的 VOCs 排放源。人为源可以进一步分为工业源、交通源、农业源、生活源等。

不同 VOCs 排放源分类和典型排放过程见表 1-4。实际上，不同研究者对人为源划分的方法也不尽相同，这里仅列出一种分类方法供参考。

表 1-4　VOCs 排放源分类与典型排放过程

VOCs 排放源	类别	子类别	典型排放过程
人为源	工业源	产品生产	炼油、炼焦、化学品制造、合成制药、食品加工等行业的产品生产过程
		溶剂使用	油漆、表面喷涂、干洗、溶剂脱脂、油墨印刷、人造革生产、胶黏剂使用、冶金铸造等
		废物处理	污水处理、垃圾填埋与焚烧
		存储输送	含 VOCs 原料和产品的储存、运输
		燃料燃烧	煤燃烧、生物质燃烧
	交通源	交通运输	交通工具尾气排放
	农业源	畜禽养殖	养鸡、养猪、养牛
		农田释放	作物和土壤释放
	生活源	产品使用	室内装修、家具释放
自然源			森林火灾、植物释放、火山喷发

根据我国生态环境部估算，VOCs 人为源排放中，包括溶剂使用在内的工业源排放量占整个人为源的比例最高，达 55.5%，重点排放行业包括石油炼制和储运销、化工、工业表面涂装、包装印刷等。不同行业生产工艺不同，生产过程中产生的 VOCs 也不相同。国内典型行业主要的 VOCs 排放种类见表 1-5。

表1-5 国内典型行业主要VOCs排放种类

行业名称	主要VOCs排放种类
化学品制造	苯类，烷烃，烯烃，卤代烃，醇类，醛类，酮类，酚类，醚类，酸类，酯类，胺类
医药制造	苯类，烷烃，卤代烃，醇类，醛类，酮类，酚类，醚类，酸类，酯类，胺类
汽车制造	苯类，烷烃，卤代烃，醇类，醛类，酮类，酚类，醚类，酯类
食品制造	醇类，醚类，酸类，胺类
印刷	苯类，烯烃，醇类，醛类，酮类，酯类
橡胶和塑料制品	苯类，卤代烃，醇类，醛类，酮类
电子制造	苯类，烷烃，醇类，醛类，酮类，酚类，醚类，酸类，酯类
石油加工	苯类，烯烃
电气制造	苯类，烯烃，酮类，酯类
金属制品	苯类，酯类
通用设备制造	苯类
木材加工	苯类，烯烃
烟草制品	苯类，醛类，酚类
专用设备制造	苯类，烯烃，酯类
皮革加工	苯类，酯类
家具制造	苯类

在全球范围内，VOCs自然源的排放量远远高于人为源，但在局部环境下，人为源的排放作用更为明显。在我国，自然源和人为源的排放水平比较接近，年排放量均为10～20 Mt。而在一些更小的区域范围内，人为源的排放量远高于自然源。

二、典型国家和地区的VOCs排放状况

（一）美国VOCs排放现状

美国对于VOCs污染排放的基础数据调研和数据共享公开工作非常重

视。在美国国家环境保护局(USEPA)的网站上可以查到美国每个州(state)和每个县(county)的 VOCs 排放总量和来源构成。根据美国国家环境保护局统计,1970—2012 年,美国的人为源 VOCs 排放量变化如图 1-1 所示。

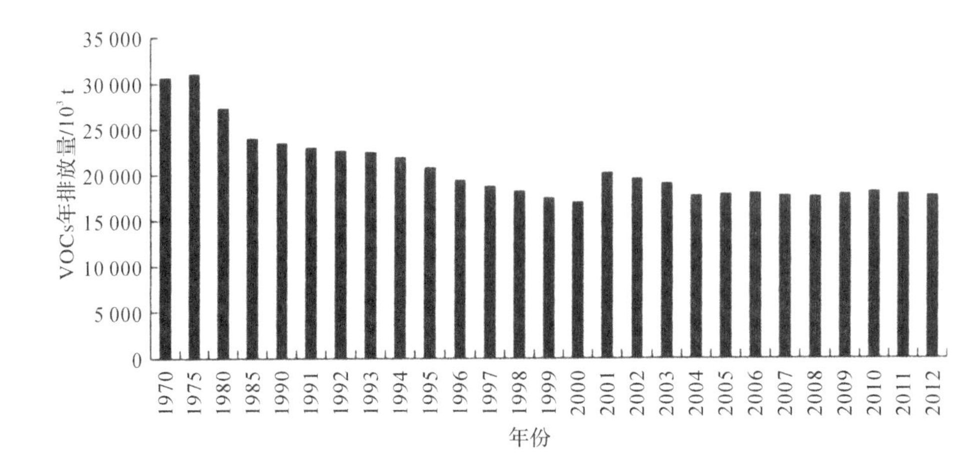

图 1-1 美国 1970—2012 年人为源 VOCs 年排放量

(来源:USEPA 网站)

从图中可以看出,1970—2012 年美国的人为源 VOCs 年排放量基本呈逐年下降的趋势。

表 1-6 是美国国家环境保护局公布的 2009—2013 年美国不同来源的 VOCs 排放量。从表中可以看出,USEPA 对 VOCs 排放源的分类非常详细。2013 年,美国工业源(表 1-6 中的前十项)VOCs 排放量约为 7.73 Mt,约占 VOCs 年排放总量的 44%。与工业相关的 VOCs 排放源主要包括石油化工、溶剂使用、存储输送、燃料燃烧等。

表 1-6 美国 2009—2013 年不同来源的 VOCs 排放量 单位:10^3 t

排放源	VOCs 排放量				
	2009 年	2010 年	2011 年	2012 年	2013 年
燃烧(用于发电)	43	42	41	41	41
燃烧(用于工业)	108	108	109	109	109
燃烧(其他)	431	456	480	480	480
化学品生产	85	82	79	79	79
金属加工	36	35	34	34	34

续表

排放源	VOCs 排放量				
	2009 年	2010 年	2011 年	2012 年	2013 年
石油化工	1 993	2 241	2 490	2 490	2 490
其他工业	351	340	328	328	328
溶剂使用	3 153	2 984	2 815	2 815	2 815
存储和运输	1 204	1 213	1 222	1 222	1 222
废物处理和循环	168	150	132	132	132
高速机动车	2 773	2 782	2 413	2 287	2 161
非高速路机动车	2 395	2 321	2 159	2 073	1 986
其他	4 928	5 160	5 867	5 867	5 867
总计	17 668	17 914	18 169	17 957	17 744

(二)欧盟 VOCs 排放状况

图 1-2 给出了 1990—2011 年欧盟/欧共体 28 个成员国的人为源 VOCs 排放状况。

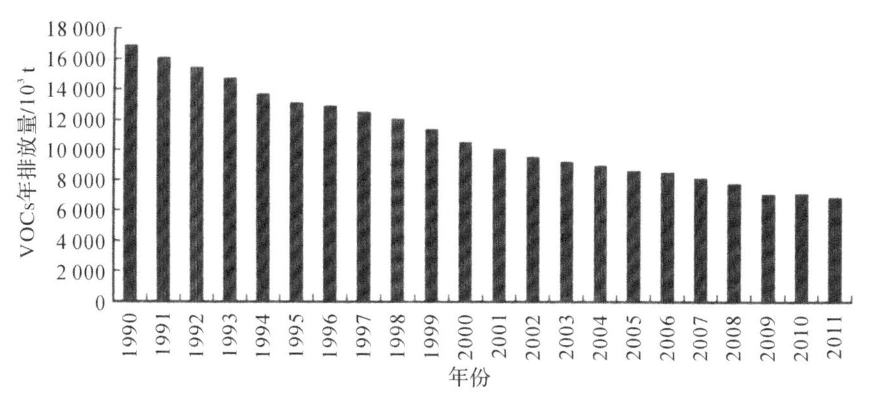

图 1-2　欧盟 28 个成员国 1990—2011 年人为源 VOCs 排放量

(来源:欧盟环境委员会网站)

从图 1-2 中可以看出,欧盟的人为源 VOCs 排放量从 1990 年以来逐年下降,近年来,大约稳定在 8 Mt,显著低于美国的 VOCs 排放水平。欧盟

VOCs 排放量的下降主要是通过对交通移动源和溶剂使用过程中 VOCs 排放量的控制实现的。

2011 年欧盟 VOCs 排放量的构成如图 1-3 所示，从图中可以看出，溶剂使用、能源生产与输送、工业过程等工业源在排放总量中占有比较大的比例。

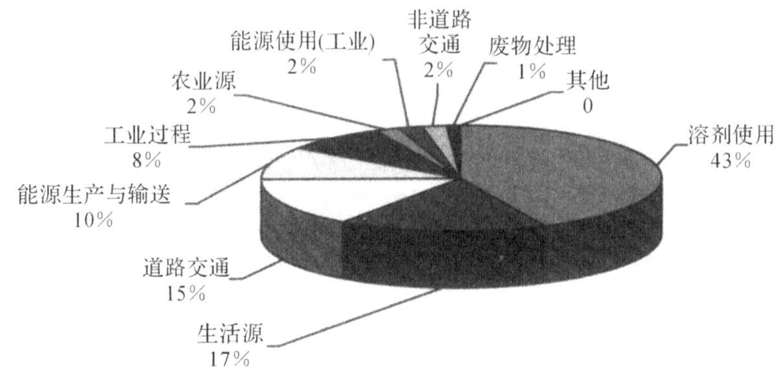

图 1-3 欧盟 2011 年不同来源的 VOCs 排放量比例

(三)我国 VOCs 排放状况

目前尚未见相关部门对外公布我国的 VOCs 排放信息，但是一些研究者通过排放因子法对我国的 VOCs 排放状况进行了估算，结果见表 1-7。

表 1-7 中国人为源 VOCs 排放量与来源构成 单位：Mt

基准年	人为源 VOCs 排放量	主要来源				数据来源
		燃料燃烧	溶剂使用	石油化工	交通运输	
1985 年	4.5	1.8	1.4	0.8	0.4	Bo 等，2008
1990 年	11.1	5.8	1.2	0.59	2.3	Klimont 等，2002
1995 年	13.1	5.5	1.8	0.84	3.6	Klimont 等，2002
2000 年	8.3	1.6	2.2	1.7	2.7	刘金凤等，2008
2005 年	20.1	4.2	5.8	3.2	5.6	Wei 等，2008
2007 年	23.8	9.6	4.1	4.3	4.8	范辞冬等，2008

从表 1-7 可以看出，虽然我国没有 VOCs 排放量的官方统计数据，但从研究者的报道还是可以看出我国人为源 VOCs 排放的基本状况。我国的

VOCs 排放总量在 20 世纪 80 年代只有不到 5 Mt，到了 90 年代就增加到 10 Mt量级，而到 2005 年后就增加到 20 Mt 以上，显著高于美国和欧盟的 VOCs 排放量。在各个来源中，工业源(包括溶剂使用和石油化工)的 VOCs 排放量占人为源 VOCs 排放量的 1/3～1/2。

近年来，针对工业 VOCs 排放的研究主要从重点行业和重点区域两个方面开展。涉及的重点行业包括石油炼化、合成材料、涂料、制药、漆包线生产、印刷电路板等，涉及的重点区域包括珠三角地区、长三角地区和京津冀地区等。有学者采用排放因子法估算的我国 2009 年的工业 VOCs 排放量约为 12.06 Mt，合成材料生产、石油炼制和石油化工、建筑装饰、机械设备制造等行业的 VOCs 排放量达 1 Mt 以上，需要重点加以关注。

(四)总体情况

大气是人类赖以生存的重要环境要素，大气污染不仅破坏大气环境自身，而且会影响水、土、生物等所有重要的环境要素，破坏生态系统，危害人的健康，阻碍可持续发展。

“十三五”时期，我国空气质量改善取得明显成效，主要体现在“十三五”的两项约束性指标：一是未达标城市的 $PM_{2.5}$ 浓度下降，二是优良天数比例都远超预期目标。但大气污染形势依然严峻，$PM_{2.5}$ 污染仍然突出，2020 年全国仍有 37%左右的城市 $PM_{2.5}$ 超标，臭氧浓度持续升高，成为空气质量改善的重要短板，全国臭氧浓度比 2015 年上升了 12.6%。

VOCs 成分复杂，常温下活性强、蒸发速率大、易挥发，属于主要大气污染物之一，是当前重点区域臭氧生成的主控因子。根据生态环境部发布的《中国生态环境统计年报》，2021 年我国 VOCs 排放量约为 5.902 Mt，排放治理工作任重而道远。

第三节 控制标准及技术规范

一、VOCs 排放控制标准

(一)国外排放控制标准

由于 VOCs 污染具有很大的危害，为了保护人类健康和生态环境，世界多国根据国情制定了一系列环境法规和标准来控制 VOCs 的排放和污染。

美国针对不同的行业制定了非常细致、有针对性的VOCs排放控制标准。涉及的行业有炼油、石化、精细化工、油品储运、制药、表面涂装、出版印刷、铸造、服装、干洗等。控制标准所涉及的排放过程包括工艺排气、设备泄漏、污水散发、储罐泄漏、运输泄漏等。除了规定排放限值外，还规定了各种必要的防护措施和处理措施。对于固定源，美国的标准一般要求总有机物削减率不低于98%或者排放浓度限值为20×10^{-6}(体积分数)。

欧盟环保标准多以指令(diective)形式颁布。针对VOCs排放，欧盟颁布的指令包括"有机溶剂使用指令1999/13/EC""涂料指令2004/42/EC""汽油储存和配送指令94/63/EC""综合污染预防和控制指令96/61/EC、2008/1/EC"等。各成员国针对单项VOCs物质，还编制了各种分级控制标准。

日本早期的VOCs污染控制始于《大气污染防止法》《恶臭防止法》中对光化学氧化剂、恶臭物质的限制。2004年在修订《大气污染防止法》时，专门增加了"VOCs排放规制"章节，2005年先后修订《大气污染防止法实施令》和《大气污染防止法实施规则》，规定了挥发性有机化合物的浓度测量方法。2006年4月，针对工业VOCs排放设施的控制法规正式实施后，明确将工厂企业的自愿减排与强制性排放规定适当结合。

(二)我国排放控制标准

1956年实施的《关于防止厂矿企业中矽尘危害的决定》，是我国最早的关于大气污染防治的法律规定，主要用以约束企业生产过程中有害气体污染物的排放，减轻对群众的不利影响。

改革开放后，我国逐步加大了大气污染防治工作力度，相继颁布并实施了一系列防治大气污染的法律政策及标准，见表1-8。

表1-8 大气环境治理相关国家标准

标准名称	标准号
恶臭污染物排放标准	GB 14554—1993
大气污染物综合排放标准	GB 16297—1996
工业炉窑大气污染物排放标准	GB 9078—1996
饮食业油烟排放标准	GB 18483—2001
城镇污水处理厂污染物排放标准	GB 18918—2002
合成革与人造革工业污染物排放标准	GB 21902—2008

续表

标准名称	标准号
铝工业污染物排放标准	GB 25465—2010
乘用车内空气质量评价指南	GB/T 27630—2011
橡胶制品工业污染物排放标准	GB 27632—2011
火电厂大气污染物排放标准	GB 13223—2011
炼焦化学工业污染物排放标准	GB 16171—2012
钢铁烧结、球团工业大气污染物排放标准	GB 28662—2012
炼铁工业大气污染物排放标准	GB 28663—2012
炼钢工业大气污染物排放标准	GB 28664—2012
轧钢工业大气污染物排放标准	GB 28665—2012
电池工业污染物排放标准	GB 30484—2013
砖瓦工业大气污染物排放标准	GB 29620—2013
水泥工业大气污染物排放标准	GB 4915—2013
锅炉大气污染物排放标准	GB 13271—2014
非道路移动机械用柴油机排气污染物排放限值及测量方法	GB 20891—2014
石油炼制工业污染物排放标准	GB 31570—2015
石油化学工业污染物排放标准	GB 31571—2015
合成树脂工业污染物排放标准	GB 31572—2015
烧碱、聚氯乙烷工业污染物排放标准	GB 15581—2016
挥发性有机物无组织排放控制标准	GB 37822—2019
制药工业大气污染物排放标准	GB 37823—2019
涂料、油墨及胶粘剂工业大气污染物排放标准	GB 37824—2019
工作场所有害因素职业接触限值 第1部分 化学有害因素	GBZ 2.1—2019
铸造工业大气污染物排放标准	GB 39726—2020
农药制造工业大气污染物排放标准	GB 39727—2020
陆上石油天然气开采工业大气污染物排放标准	GB 39728—2020
工业防护涂料中有害物质限量	GB 30981—2020

续表

标准名称	标准号
储油库大气污染物排放标准	GB 20950—2020
油品运输大气污染物排放标准	GB 20951—2020
加油站大气污染物排放标准	GB 20952—2020
印刷工业大气污染物排放标准	GB 41616—2022
矿物棉工业大气污染物排放标准	GB 41617—2022
石灰、电石工业大气污染物排放标准	GB 41618—2022
玻璃工业大气污染物排放标准	GB 26453—2022
室内空气质量标准	GB/T 18883—2022
……	……

1979年9月13日，《中华人民共和国环境保护法(试行)》由全国人民代表大会常务委员会令第二号公布试行，开启了环境保护工作的新局面。

随着社会主义经济建设的迅速开展，各类工业企业相继崛起，亟待加强对大气污染的监督和管理，《中华人民共和国大气污染防治法》应运而生并于1988年6月1日起正式施行。该部法律对各级环境保护监督管理部门的监管责任进行了明确，制定了大气污染监测、排污登记申报和超标排污收费等各项制度。除此之外，国家有关部门还颁布了一系列的大气污染防治的国家标准和专门的行政规章，这对大气污染防治起到了积极作用，取得了一定成效。

进入21世纪以来，随着经济、社会的发展，对大气环境的要求不断提高，我国大气污染防治相关法律法规标准体系不断完善，有力支撑了“蓝天保卫战”等大气污染专项治理任务，全面推进了我国大气环境工作。

2014年4月24日，《中华人民共和国环境保护法》(简称《环境保护法》)经过第十二届全国人民代表大会常务委员会第八次会议修订通过并正式发布。《环境保护法》是我国除宪法外，对防治大气污染、保护大气环境最具核心指导意义的综合性法律规范，旨在保护和改善环境，防治污染和其他公害，保障公众健康，推进生态文明建设，促进经济社会可持续发展。

2018年10月26日，《中华人民共和国大气污染防治法》(简称《大气污染防治法》)经第十三届全国人民代表大会常务委员会第六次会议第二次修正后正式发布。该法是一部直接规定保护大气环境、防治大气污染的法律规范。

新修正的《大气污染防治法》强化了大气环境质量的管理和考核，进一步细化了政府各部门的环境管理责任，加强了对地方政府参与环境治理的监督与考核，确保达到改善区域大气环境质量的目标。

为将各项生产过程对大气环境造成的损害降到最低，按照预防性原则，国家还出台了多部环境与资源保护类单行法律，作为《环境保护法》《大气污染防治法》的补充。《中华人民共和国清洁生产促进法》旨在从源头削减污染，提高资源利用效率，减少或者避免生产、服务和产品使用过程中污染物的产生和排放，以减轻或者消除对人类健康和环境的危害；《中华人民共和国循环经济促进法》旨在发展循环经济、提高资源利用效率、保护和改善环境；《中华人民共和国环境影响评价法》是为了实施可持续发展战略，预防因规划和建设项目实施后对环境造成不良影响，促进经济、社会和环境的协调发展。

我国 VOCs 治理与管控工作起步相对较晚但发展较快，目前 VOCs 污染控制的政策体系已初步形成，相关治理工作正在快速推进。

2011 年 5 月，国务院办公厅印发《关于推进大气污染联防联控工作改善区域空气质量的指导意见》，强调解决区域大气污染问题，必须尽早采取区域联防联控措施，联防联控的重点污染物是二氧化硫、氮氧化物、颗粒物、VOCs 等。VOCs 首次成为国家层面大气污染治理的重点污染物，相关治理标准的制定和治理工作的推动开始加速进行，我国 VOCs 管控与治理之路正式开启。

2013 年 9 月，国务院发布的《大气污染防治行动计划》确定了十项具体措施（简称《大气十条》），其中明确提出在石化、有机化工、表面涂装、包装印刷等重点行业推进 VOCs 污染管控与治理。

2014 年 12 月，环境保护部发布《石化行业挥发性有机物综合整治方案》（简称《方案》），石化行业的挥发性有机物治理工作率先开展，成为 VOCs 工业排放行业治理第一枪。《方案》提出到 2017 年，全国石化行业基本完成 VOCs 综合整治工作，建成 VOCs 监测监控体系，VOCs 排放总量较 2014 年削减 30%以上。

2015 年 6 月，随着排污标准的不断完善，VOCs 排污费征收也被提上日程。财政部、国家发展改革委、环境保护部联合制定并印发了《挥发性有机物排污收费试点办法》。VOCs 排污收费试点行业包括石油化工和包装印刷两个大类，原油加工及石油制品制造、有机化学原料制造、初级形态塑料及合成树脂制造、合成橡胶制造、合成纤维单（聚合）体制造、仓储业和包装装潢印刷等 7 个小类。

2015年8月，新修订的《大气污染防治法》首次将挥发性有机物（VOCs）纳入监管范围，明确规定生产、进口、销售和使用含挥发性有机物的原材料和产品，其挥发性有机物含量应当符合质量标准或要求。

国家“十三五”规划纲要中，进一步明确了重点地区行业VOCs治理目标。2016年，十二届全国人大四次会议通过并授权发布《中华人民共和国国民经济和社会发展第十三个五年规划纲要》，所有25项指标中，资源环境指标全为约束性指标，占全部指标的40%。国家“十三五”规划纲要提出在重点区域、重点行业推进挥发性有机物排放总量控制，全国排放总量下降10%以上。

2016年7月，工信部和财政部联合发布《重点行业挥发性有机物削减行动计划》，要求加快推进落实绿色制造工程实施指南，推进促进重点行业挥发性有机物削减，提出到2018年，工业行业VOCs排放量比2015年削减330万t以上。同时针对石油炼制与石油化工、涂料、油墨、胶黏剂、农药、汽车、包装印刷、橡胶制品、合成革、家具、制鞋等不同行业，明确提出了原料替代、工艺技术改造、回收和末端治理等多种减排方式。

2016年12月，国务院印发《“十三五”生态环境保护规划》，要求控制重点地区重点行业VOCs排放，全面加强石化、有机化工、表面涂装、包装印刷等重点行业VOCs控制，其中包括钢铁行业、建材行业、石化行业、有色金属行业等，全国排放总量下降10%以上。

2017年1月，国务院印发《“十三五”节能减排综合工作方案》，提出实施石化、化工、工业涂装、包装印刷等重点行业VOCs治理工程，到2020年石化企业基本完成VOCs治理，全国VOCs排放总量比2015年下降10%以上。

2017年9月，环境保护部等六部委联合印发的《“十三五”挥发性有机物污染防治工作方案》，要求到2020年建立健全以改善环境空气质量为核心的VOCs污染防治管理体系，重点推进石化、化工、包装印刷、工业涂装等重点行业以及机动车、油品储运销等交通源VOCs污染防治，并明确至2020年，重点地区、重点行业VOCs污染排放总量下降10%以上。

2018年7月，国务院印发《打赢蓝天保卫战三年行动计划》，提出重点区域VOCs全面执行大气污染物特别排放限值，实施VOCs专项整治方案等目标。该计划指出：我国生态环境的重点防控因子是$PM_{2.5}$，重点行业和领域是钢铁、火电、建材等行业以及“散乱污”企业、散煤、柴油货车、扬尘治理等领域；在机动车污染方面，优化运输结构，按照“车、油、路”三大要素三个领域齐发力来解决机动车污染问题，同时抓紧治理柴油货车污染，加快老旧车船淘汰；继续大力推进VOCs和氮氧化物排放治理，尤其要着力实施《“十三五”挥发性有机物污染防治工作方案》。

2019年，生态环境部印发的《重点行业挥发性有机物综合治理方案》对石化、化工、涂装、包装印刷、油品储运销、工业园区和产业集群等源项提出综合治理要求。

2021年8月4日，生态环境部下发《关于加快解决当前挥发性有机物治理突出问题的通知》，要求加快解决当前VOCs治理存在的突出问题，推动环境空气质量持续改善和"十四五"VOCs减排目标顺利完成。

2021年11月2日，中共中央、国务院公布《关于深入打好污染防治攻坚战的意见》，提出以更高标准打好蓝天、碧水、净土保卫战，设立了2025年和2035年两个阶段目标，明确了我国污染防治工作路线图，要求大力推进挥发性有机物和氮氧化物协同减排。到2025年，挥发性有机物、氮氧化物排放总量比2020年分别下降10%以上。

2021年12月28日，国务院印发《"十四五"节能减排综合工作方案的通知》，明确要求到2025年全国单位国内生产总值能源消耗比2020年下降13.5%，能源消费总量得到合理控制，化学需氧量、氨氮、氮氧化物、VOCSs排放总量比2020年分别下降8%、8%、10%以上、10%以上。

我国大气污染治理相关技术标准是伴随着国家法律法规和政策要求逐步完善起来的，在《大气污染物综合排放标准》(GB 16297—1996)、《环境空气质量标准》(GB 3095—1996)以及《恶臭污染物排放标准》(GB 14554—1993)等国家标准中，对VOCs的排放和环境中的浓度限值都做了具体的规定。此外，在一些行业(如合成革、炼焦、橡胶制品油品零售)的污染排放标准中也加入了关于VOCs的控制指标。

1997年1月1日正式实施《大气污染物综合排放标准》(GB 16297—1996)，其中规定了苯、甲苯、二甲苯、酚类、甲醛、乙醛等33种常见大气污染物的排放限值，同时规定了标准执行中的各种要求。在我国现有的国家大气污染物排放标准体系中，《大气污染物综合排放标准》按照综合性排放标准与行业性排放标准不交叉执行的原则，适用于现有污染源大气污染物排放管理，以及建设项目的环境影响评价、设计、环境保护设施竣工验收及其投产后的大气污染物排放管理。

"十三五"以来，我国VOCs相关技术标准不断完善，还颁布、实施了多项含VOCs的产品质量标准及检测标准。京津冀、长三角、珠三角、关中等大气环境重点区域以及相关省区市也结合自身大气环境污染治理实际，相继出台了多项地方性法规和标准，进一步细化大气环境治理要求。

除了国家标准外，一些地方也出台了相应的 VOCs 控制标准。例如，北京市出台了《大气污染物综合排放标准》(DB 11/501—2017)和《炼油与石油化学工业大气污染物排放标准》(DB 11/447—2015)；广东省则制定了《印刷行业挥发性有机化合物排放标准》(DB 44/815—2010)、《家具制造行业挥发性有机物化合物排放标准》(DB 44/814—2010)、《表面涂装(汽车制造业)挥发性有机化合物排放标准》(DB 44/816—2010)和《制鞋行业挥发性有机化合物排放标准》(DB 44/817—2010)等。

二、VOCs 控制技术规范

为了防止“无技术可用，有技术不用”、技术含量不高、污染治理设施重复建设、企业排污不达标等问题出现，需要开展技术环境管理工作，并加以立法确认。美国从 20 世纪 70 年代开始开展了系统的技术管理工作。欧盟为促进综合污染防治，也提出了污染防治最佳可行技术体系。我国从 2000 年之后也着手开展污染控制技术规范的编制工作。

(一)美国 VOCs 控制技术规范

美国国家环境保护局针对 VOCs 制定的控制技术导则(Cotrol Techniques Guidelines，CTGs)与可选控制技术文件(Alternative Control Techniques documents，ACTs)见表 1-9。CTGs 和 ACTs 大多在 20 世纪 70 年代后期至 90 年代中期制定，之后没有进行修订。两者均对 VOCs 控制技术加以规范，不同之处在于：CTGs 现在仍被用作定义 VOCs 合理可用控制技术(Reaonably Available Counter Technology，RACT)的依据，而 ACTs 则用于描述 RACT 的成本效率。

表 1-9　美国的 VOCs 控制技术规范

编号及发布时间	规范名称
控制技术导则(CTGs)	
EPA-450/R-75-102 1975/11	加油站有机气体泄漏控制系统设计标准
EPA-450/2-76-028 1976/11	现有固定源 VOCs 排放控制技术导则 卷Ⅰ：表面喷涂过程控制方法
EPA-450/2-77-008 1977/05	现有固定源 VOCs 排放控制技术导则 卷Ⅱ：容器、盘管、纸、纤维、汽车和轻型卡车表面喷涂过程控制

续表

编号及发布时间	规范名称
EPA-450/2-77-022 1977/11	有机溶剂清洁金属器件过程 VOCs 排放控制技术导则
EPA-450/2-77-025 1977/10	炼油厂真空发送系统、废水分离系统和设备检修过程 VOCs 排放控制技术导则
EPA-450/2-77-026 1977/10	汽油罐车油料装卸过程碳氢化合物排放控制技术导则
EPA-450/2-75-032 1975/12	现有固定源 VOCs 排放控制技术导则 卷Ⅲ:金属设备表面涂装过程控制
EPA-450/2-75-033 1977/12	现有固定源 VOCs 排放控制技术导则 卷Ⅳ:漆包线表面涂装过程控制
EPA-450/2-75-034 1977/12	现有固定源 VOCs 排放控制技术导则 卷Ⅴ:大型电器表面涂装过程控制
EPA-450/2-75-035 1977/12	汽油批发厂 VOCs 排放控制技术导则
EPA-450/2-75-036 1977/12	固定顶液体石油储罐控制技术导则
EPA-450/2-77-037 1977/12	稀释沥青使用过程 VOCs 排放控制技术导则
EPA-450/2-78-022 1978/05	固定源 VOCs 排放控制技术导则
EPA-450/2-78-015 1978/06	现有固定源 VOCs 排放控制技术导则 卷Ⅵ:金属零部件和产品表面涂装过程控制
EPA-450/2-78-032 1978/06	现有固定源 VOCs 排放控制技术导则 卷Ⅶ:木质板材表面涂装过程控制
EPA-450/2-78-036 1978/06	石油炼制设备 VOCs 泄漏控制技术导则
EPA-450/2-78-029 1978/12	合成制药行业 VOCs 排放控制技术导则

续表

编号及发布时间	规范名称
EPA-450/2-78-030 1978/12	轮胎制造行业VOCs排放控制技术导则
EPA-450/2-78-033 1978/12	现有固定源VOCs排放控制技术导则 卷Ⅷ:平面艺术品凹版印刷和柔性版印刷过程控制
EPA-450/2-78-047 1978/12	液体石油产品外置浮顶罐VOCs排放控制技术导则
EPA-450/2-78-050 1978/12	全氯乙烯干洗系统VOCs排放控制技术导则
EPA-450/2-78-051 1978/12	汽油罐车和有机蒸汽收集系统VOCs泄漏控制技术导则
EPA-450/3-82-009 1982/09	大型石油干洗设备VOCs排放控制技术导则
EPA-450/3-83-008 1983/11	高密度聚乙烯、聚丙烯和聚苯乙烯树脂制造行业VOCs排放控制技术导则
EPA-450/3-82-007 1983/12	天然气/汽油加工厂设备VOCs泄漏控制技术导则
EPA-450/3-83-006 1983/03	有机合成聚合物和树脂制造设备VOCs泄漏控制技术导则
EPA-450/3-84-015 1984/12	有机化工行业空气氧化过程VOCs排放控制技术导则
EPA-450/4-91-031 1993/08	有机化工行业反应器与精馏操作过程VOCs排放控制技术导则
EPA-450/R-96-007 1996/04	木质家具制造行业VOCs排放控制技术导则
61 FR-44050 8/27/96 1994/06	船舶制造和维修过程(表面涂装)VOCs控制技术导则
59 FR-29216 6/06/94 1994/06	航空制造与维修业有害空气污染物排放控制标准

续表

编号及发布时间	规范名称
EPA－453/R－97－004 1997/12	航空制造与维修业表面涂装过程VOCs排放控制技术导则
EPA－453/R－06－001 2006/09	工业清洗溶剂污染控制技术导则
EPA－453/R－06－002 2006/09	平板胶印和凸版印刷过程污染控制技术导则
EPA－453/R－06－003 2006/09	软包装印刷污染控制技术导则
EPA－453/R－06－004 2006/09	木质板材表面涂装过程污染控制技术导则
EPA－453/R－07－003 2007/09	纸、胶片和金属箔表面涂装过程污染控制技术导则
EPA－453/R－07－004 2007/09	大型家具表面涂装过程污染控制技术导则
EPA 453/R－07－005 2007/09	金属家具涂装行业污染控制技术导则
EPA－453/R－08－003 2008/09	金属与塑料制品涂装过程污染控制技术导则
EPA－453/R－08－004 2008/09	玻璃纤维船只制造用材料的污染控制技术导则
EPA－453/R－08－005 2008/09	工业粘接剂污染控制技术导则
EPA－453/R－08－006 2008/09	汽车与轻型卡车零件涂装污染控制技术导则
EPA－453/R－08－002 2008/09	汽车与轻型卡车涂装操作过程VOCs日排放速率确定方法
可选控制技术文件(ACTs)	
EPA－450/3－83－012 1983/05	胶合板干燥过程VOCs排放控制方法

续表

编号及发布时间	规范名称
EPA-453/3-88-007 1988/08	交通标志使用过程VOCs减排方法
EPA-450/3-88-009 1988/10	汽车修补过程VOCs排放削减方法
EPA-450/3-89-007 1989/03	环氧乙烷消毒/熏蒸操作方法
EPA-450/3-89-030 1989/08	卤代烃溶剂清洗剂
EPA-450/3-91-007 1990/12	有机废物处理工艺排放控制
EPA-450/3-90-020 1990/09	聚苯乙烯泡沫制作过程VOCs排放控制
EPA-453/R-92-017 1992/12	烤箱排放控制
EPA-453/R-92-018 1992/12	固定源VOCs排放控制技术
EPA-453/D-95-001 1993/09	平胶印过程VOCs排放控制方法
EPA-453/R-92-011 1993/03	农药使用过程VOCs排放控制方法
EPA-453/R-94-032 1994/04	船舶制造和维修设施表面涂装操作控制
EPA-453/R-94-001 1994/01	浮顶罐和拱顶罐挥发性有机液体存储方法
EPA-453/R-93-020 1993/02	间歇操作过程VOCs排放控制方法
EPA-453/R-94-015 1994/02	工业清洗溶剂

续表

编号及发布时间	规范名称
EPA-453/R-94-017 1994/02	汽车与商用机器塑料部件表面涂装污染控制
EPA-453/R-94-031 1994/04	汽车表面修补
EPA-453/R-94-032 1994/04	船舶制造与维修设施表面涂装
EPA-453/R-94-054 1994/06	平板胶印过程VOCs排放控制补充资料
其他文件	
EPA-450/2-78-022 1978/05	固定源VOCs排放控制技术
EPA-453/R-95-010 1995/04	合理可用技术与控制技术导则应用报告

(二)欧盟VOCs控制技术规范

欧盟在VOCs控制方面具有代表性的是《综合污染预防与控制指令》(integrated pollution prevention and control ,IPPC)和最佳可用技术(best available techniques, BAT)参考文件。其中,部分BAT参考文件见表1-10。1993年提出的IPPC,要求企业尽可能采用最好的技术,防止污染物的产生,或者把污染物的排放减少到最低。1996年9月,欧盟委员会要求建立排污许可证制度,并提出建立BAT体系,由欧盟委员会工作小组和各成员国共同起草BAT文件。2002年,欧盟的BAT体系基本建立完成,并开始发挥其指导作用。欧盟的BAT体系覆盖范围广,其BAT文件涉及能源、金属制造加工、矿石、化工、废物管理、纺织、造纸和食品等部门。

表1-10 欧盟与VOCs控制相关的部分BAT文件

文件编号	参考文件
BREF(02.2003)	化工行业废水和废气处理与管理系统
BREF(07.2006)	存储过程的排放控制方法
BREF(12.2001)	工业冷却系统污染控制

续表

文件编号	参考文件
BREF(12.2003)	大型有机化工行业污染控制
BREF(08.2006)	精细有机化工产品制造过程污染控制
BREF(02.2003)	石油和天然气精炼
BREF(08.2007)	聚合物制造
BREF(12.2001)	纸浆与造纸工业
BREF(08.2006)	金属与塑料表面处理
BREF(08.2007)	使用有机溶剂进行表面处理
BREF(08.2006)	废物处理行业

欧盟各成员国根据欧盟的BAT文件建立了自己的BAT文件体系，同时在实施这些BAT文件的过程中，根据所依据法令和法规的变化及BAT执行情况反馈，定期评审以及更新文件，并对BAT限值进行修正，保证其与科学技术同步发展。表1-11为爱尔兰与VOCs控制相关的BAT文件。

表1-11　爱尔兰与VOCs控制相关的BAT文件

文件名称	制定时间
金属与塑料行业BAT导则	
石油和天然气精炼行业BAT导则	
有机化工行业BAT导则	
农药、医药与特殊有机化学品行业BAT导则	
涂料制造与使用过程BAT导则	1997年11月
废物处理行业BAT导则	1996年5月
木材加工与保存BAT导则	1997年11月
石油产品运输与保存BAT导则	
植物与动物油脂和脂肪生产BAT导则	1996年5月
废物处理(填埋)BAT导则	2003年4月
纸浆与造纸行业BAT导则	
化工行业BAT导则	1996年5月

(三)我国 VOCs 控制技术规范

石油天然气开采包括石油和天然气的勘探、钻井、完井、录井、测井、井下作业、试油和试气、采油和采气、油气集输与油气处理等作业或过程,主要大气污染源和污染物为天然气净化厂硫黄回收尾气排放的二氧化硫(SO_2)、油气集输与处理过程排放的 VOCs,目前我国陆上石油天然气开采企业 VOCs 治理基础总体上还比较薄弱。

近年来,我国也针对 VOCs 控制制定了一些具体的技术规范,具体见表1-12。

表 1-12　我国 VOCs 控制技术相关规范

编号	名称
HJ 2027—2013	催化燃烧法工业有机废气治理工程技术规范
HJ 2026—2013	吸附法工业有机废气治理工程技术规范
HJ/T 386—2007	环境保护产品技术要求 工业废气吸附净化装置
HJ/T 387—2007	环境保护产品技术要求 工业废气吸收净化装置
HJ/T 389—2007	环境保护产品技术要求 工业有机废气催化净化装置

第四节　工业源控制的重要性与科技需求

一、工业源 VOCs 控制的重要性

VOCs 是一种常见的挥发性有机化合物,其多由工业生产而产生。从物化属性来看,VOCs 本身具有极强的毒性,而且迁移性、污染性较强,对于人体及自然环境具有较大危害。这要求在工业生产中,重视 VOCs 污染的治理工作。

我国工业源 VOCs 污染治理效果并不理想,尤其是在单一的污染治理方法下,很难快速吸附废气中的有害物质,达到污染清洁治理的效果。有研究显示,在我国,接近一半的城市工业源 VOCs 超过二级,这对城市环境造成较大污染。

在人为源 VOCs 中，应当优先考虑工业源 VOCs 控制，主要基于以下原因：一是工业源 VOCs 排放量大。有关研究结果表明，工业源 VOCs 在城市 VOCs 排放中占有很大比重，占人为源总排放量的 30%～60%。因此，要想控制城市大气 VOCs 排放总量，对工业源 VOCs 的控制势在必行。二是工业源 VOCs 种类多，部分 VOCs 的浓度高、毒性大。与其他人为源 VOCs（例如交通源和农业源 VOCs）相比，工业源 VOCs 中包含更多的有毒有害或高浓度的 VOCs，更容易引起危害。三是工业源 VOCs 的控制相对较为容易。多数工业源 VOCs 一般为固定源，分布相对集中（相对于移动源），易于进行排放源的定位和排查。另外，工业源 VOCs 分布在管理较为严格的工厂企业中，排放控制的责任主体明确。

国外的 VOCs 控制和管理经验表明，针对工业源 VOCs 污染和排放进行控制，从典型行业入手往往能起到很好的效果。不同行业在 VOCs 产生过程和排放特征方面往往存在许多相同点，因此，在制定控制对策和选择处理技术时，往往可以相互借鉴，减少技术推广的风险和不确定性。

二、工业 VOCs 控制管理领域的科技需求

工业源 VOCs 污染主要表现在其对周围环境具有较大危害，这与 VOCs 毒性强，污染性、迁移性突出具有较大关系，同时受污染物难以自然降解影响，其对周围环境的危害具有持续性的特点。对于人体而言，一旦工业源 VOCs 的排放量超出了自然环境所能承受的范围，势必对人们生活、学习、工作的环境造成影响，威胁人体健康。譬如，当 VOCs 挥发进入大气，且当大气中 VOCs 浓度较高时，就容易引起人体急性中毒，此时中毒者多有头痛、头晕、恶心、呕吐等问题，重度中毒者会因此昏迷，甚至有生命危险。因此，做好工业源 VOCs 污染的处置极为关键。

“十一五”以来，国家和地方都加大了 VOCs 污染控制的科研投入，取得了一系列的成果。但由于我国工业 VOCs 污染控制和管理工作刚刚起步，还需在以下几个方面开展研究。

（一）典型行业 VOCs 产生和排放特征

全面细致地掌握工业源 VOCs 的排放状况和特征是对其开展有效控制和防治的基础。目前，对工业 VOCs 经处理后的排放清单关注较多，而对于不同典型行业排放源的 VOCs 的产生和排放特征却研究较少，尤其是对排放源产生的 VOCs 气体（未经处理的 VOCs 气体）的研究更少。然而，这些信息

对工业源 VOCs 气体控制技术选择和 VOCs 污染防治至关重要。

(二)VOCs 的控制技术应用状况和适用范围

VOCs 的控制技术包括基于物理、化学、生物方法的多种工艺过程，各种控制技术或工艺的特点和适用范围差别很大。目前，关于某一种技术或工艺特征和性能的研究和报道较多，而关于不同控制技术或工艺应用状况、适用范围和特点的研究较少。另外，国内虽然已经建设、运行了一大批 VOCs 控制工程，但缺乏相关运行数据和建设运行经验的系统总结。

(三)VOCs 控制技术评价和筛选方法

不同 VOCs 气体的组成和特征千差万别，而 VOCs 控制技术的选择缺乏依据，往往导致对技术的选择具有盲目性。因此，需要针对 VOCs 污染特征和问题存在共性的行业，研究控制技术的评价方法和最佳可行技术的筛选方法。在此基础上，制定针对不同典型行业的 VOCs 控制对策和技术规范。

(四)落实标准要求，控制无组织排放

全面执行《挥发性有机物无组织排放控制标准》，重点区域应落实无组织排放特别控制要求。企业在无组织排放排查整治过程中，在保证安全的前提下，加强对含 VOCs 物料的全方位、全链条、全环节密闭管理。储存环节应采用密闭容器、包装袋，高效密封储罐，封闭式储库、料仓等。装卸、转移和输送环节应采用密闭管道或密闭容器、罐车等。生产和使用环节应采用密闭设备，或在密闭空间中操作并有效收集废气，或进行局部气体收集；非取用状态时容器应密闭。处置环节应将盛装过 VOCs 物料的包装容器、含 VOCs 的废料(渣、液)、废吸附剂等通过加盖、封装等方式密闭，妥善存放，不得随意丢弃。

(五)加强技术应用，促进绿色发展

现有 VOCs 废气收集率、治理设施同步运行率和去除率注重技术应用，重点关注单一采用光氧化、光催化、低温等离子、一次性活性炭吸附、喷淋吸收等工艺的治理设施。除恶臭异味治理外，一般不采用低温等离子、光催化、光氧化等技术。

按照“应收尽收”的原则提升废气收集率。推动取消废气排放系统旁路，因安全生产等原因必须保留的除外。将无组织排放转变为有组织排放，优先采用密闭设备、在密闭空间中操作或采用全密闭集气罩收集方式；对于采用局部集气罩的，应根据废气排放特点合理选择收集点位，距集气罩开口面最远处的 VOCs 无组织排放位置，控制风速不低于 0.3 m/s，达不到要求的通过更换大功率风机、增设烟道风机、增加垂帘等方式及时改造；采用活性炭吸附技术的，应选择碘值不低于 800 mg/g 的活性炭，并按设计要求足量添加、及时更换。

第二章　VOCs污染源调查方法

第一节　调查的目的与流程

一、工业源 VOCs 调查的目的

VOCs 是形成细颗粒物($PM_{2.5}$)和臭氧(O_3)的重要前体物,对气候变化也有影响。近年来,我国 $PM_{2.5}$ 污染控制取得积极进展,尤其是京津冀及周边地区、长三角地区等改善明显,但 $PM_{2.5}$ 浓度仍处于高位,超标现象依然普遍,京津冀及周边地区源解析结果表明,当前阶段,有机物(OM)是 $PM_{2.5}$ 的最主要组分,占比达20%～40%,其中,二次有机物占 OM 比例为30%～50%,主要由 VOCs 转化生成。

同时,我国 O_3 污染问题日益显现,京津冀及周边地区、长三角地区、汾渭平原等区域 O_3 浓度呈上升趋势,尤其是在夏秋季节已成为部分城市的首要污染物。研究表明,VOCs 是现阶段重点区域 O_3 生成的主控因子。

相对于颗粒物、二氧化硫、氮氧化物污染控制,VOCs 管理基础薄弱,已成为大气环境管理短板。石化、化工、工业涂装、包装印刷、油品储运销等行业是我国 VOCs 重点排放源。为进一步改善环境空气质量,迫切需要全面加强重点行业 VOCs 综合治理。

工业源 VOCs 调查的目的是了解某个行业或地区的工业源 VOCs 的分布以及主要排放源的 VOCs 的排放方式、排放流量、VOCs 组分和浓度等特征信息。这些信息是工业 VOCs 排放特征分析和控制技术选择的基础,也是用 VOCs 控制管理和决策的必要依据。

二、工业源 VOCs 调查的流程

随着经济不断发展,工业生产会产生大量的 VOCs,VOCs 不经过有效处

理排放到大气中，会产生严重的环境问题，影响人们的健康。工业源 VOCs 污染主要来自石化、印染、水泥制造、涂料、皮革制造、化学品等行业。这些行业特别是大型化工企业，其生产过程中产生的化学物质含量复杂、品种繁多，在生产加工过程中难免产生挥发性有机物，导致严重的环境污染。

工业源 VOCs 的调查步骤主要包括确立调查对象、资料收集、排放源监测及总结报告四个步骤。调查过程主要分为三个阶段：准备阶段、实施阶段、总结阶段，如图 2-1 所示。

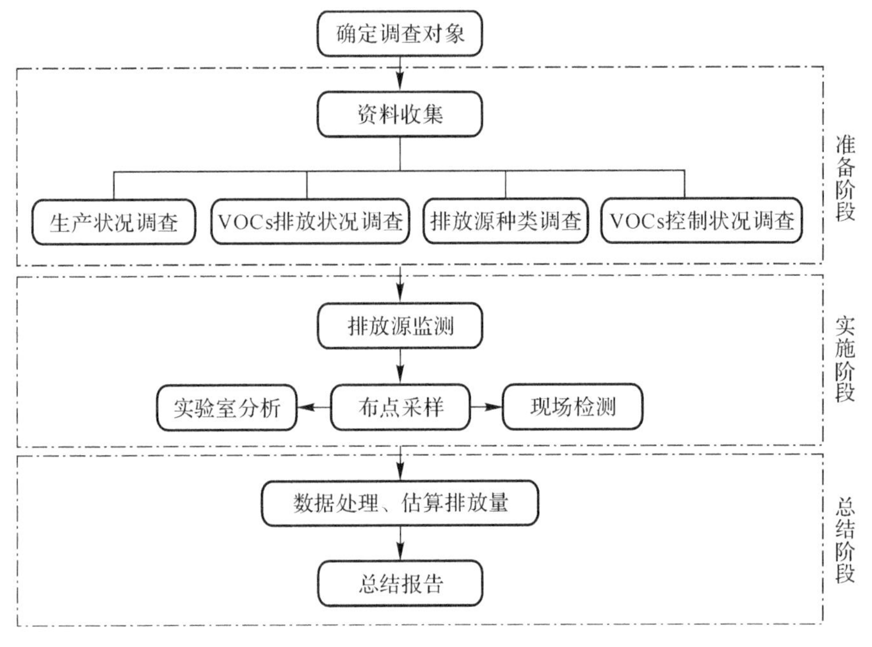

图 2-1 工业源 VOCs 的调查流程

第二节 资料收集

一、工业源 VOCs 生产状况

VOCs 的生产环节中，石油、天然气加工和基础化学原料制造贡献最大，分别占该环节的 52.9%和 40.4%；储存与运输中，由于汽油易挥发且需求量大，汽油储运排放占比最大，为 29.6%；以 VOCs 为原料的工艺过程中，化学农药制造，酒类制造，涂料、油墨、颜料及类似产品制造，化学纤维制造和化学药品制造贡献较大，排放了该环节 74.5%的 VOCs；工业防护涂料、印刷、炼焦和家具制造是含 VOCs 产品的使用环节最主要的排放源，分别占该环节的 31.9%、17.2%、7.8%和 7.2%。

排放源生产状况调查主要对行业或地区各个企业的管理水平、生产规模、生产产品及产量、主要产品产量、主要产品生产工艺、主要原材料、中间产品等进行调查，可以采取问卷调查和企业走访的方式完成。

二、工业源 VOCs 排放状况

2020 年我国工业源 VOCs 排放源最大的 3 个分别为工业防护涂料涂装、印刷与包装印刷及石油和天然气加工，合计贡献率约为 34.7%。

因为工程机械、钢结构等行业对涂层性能要求较高，工业防护涂料涂装的卷材涂料和防腐涂料子排放源均以溶剂型涂料为主。印刷行业中包装与标签黏合与复合和凹版印刷工艺也以溶剂型原辅材料使用居多。石油和天然气加工中石油炼制子排放源贡献了 98.3%的排放，主要原因为我国炼油能力持续较快增长，2020 年原油加工量达 67 440.8 万 t，同比增长 3.4%。

前 10 大排放源排放量均大于 40 万 t，排放量共计 847 万 t，总贡献率超 60%。从大类排放源来看，石化、化工、工业涂装、印刷与包装印刷、油品储运销仍为排放量最大的 5 类源，其中工业涂装贡献率最大，石化次之，化工与油品储运销相当，总贡献率占比近 80%，是今后仍需关注的重点排放源。

VOCs 排放状况调查主要内容包括可能存在的 VOCs 排放源、排放方式、排放流量，VOCs 的种类和浓度，VOCs 排放量、气体排放时间和周期（用于间歇排放）、历史的排污情况等信息。

三、工业源 VOCs 控制状况

“十四五”期间，挥发性有机物（VOCs）代替二氧化硫列入大气环境质量的约束性指标，VOCs 污染防治成为大气污染控制的关键与重点。

技术方面：一是 VOCs 末端治理技术良莠不齐，成效不一。VOCs 涉及行业众多，不同的 VOCs 要根据其性质和工况条件，合理选择 VOCs 末端治理技术。VOCs 末端治理技术包括吸附技术、焚烧技术、催化燃烧技术等 10 多种技术及组合技术。实际应用中，多种技术的组合工艺可以提高 VOCs 治理效率。例如：对低浓度、大风量废气，宜采用活性炭吸附、沸石转轮吸附、减风增浓等浓缩技术，提高 VOCs 浓度后净化处理；对高浓度废气，优先进行溶剂回收，难以回收的，宜采用高温焚烧、催化燃烧等技术；油气（溶剂）回收宜采用冷凝+吸附、吸附+吸收、膜分离+吸附等技术。但目前VOCs治理领域市场分散、集中度不高，缺少技术实力强的大型龙头企业，整体专业性水平不够，在一些地区，低温等离子、光催化、光氧化等低效技术应用甚至达80%以上，治污效果差。二是VOCs源头削减技术研发应用缓慢。含VOCs原辅材料的使用是VOCs产生源，因应用成本、技术水平、产品质量等诸多因素，低VOCs含量原辅材料研发应用投入不足，企业源头削减替代积极性不够，进度迟缓。

政策方面：一是管理基础薄弱。我国VOCs控制起步晚，管理基础薄弱，目前国内还没有出台石油化工、有机化工、包装印刷、家具、电子等重点行业污染源排放清单，VOCs排放基础数据统计体系、VOCs管控监测体系不完整，造成底数不清，无法做到分类管控、精准施策、科学治理。二是标准体系不完善。《重点行业挥发性有机物综合治理方案》指出，要加强石化、化工、工业涂装、包装印刷和油品储运销等重点行业的VOCs综合治理。但国家层面仅发布了石化、部分化工（如农药、制药、涂料、油墨、胶黏剂等）和油品储运销行业标准，工业涂装、包装印刷及部分化工行业尚未出台行业标准。缺少行业标准的企业，大部分地区有组织排放执行《大气污染物综合排放标准》（GB 16297—1996）中非甲烷总烃最高允许排放浓度为120 mg/m^{3}的要求，限值相对宽松，无法满足当前环境治理工作的要求；无组织排放执行《挥发性有机物无组织排放控制标准》（GB 37822—2019），但该标准属于综合性标准，管控适用的范围大，对于一些特定行业无法充分反映行业实际特点，势必影响VOCs的有效监管。三是经济政策有待完善。①约束政策有待完善，VOCs产品消费税征收范围小，我国仅将电池、涂料两种VOCs排放量大的产品列入消费税征收范围，对VOCs含量低于420 g/L（含）的涂料免征消费税，对无汞原电池、金属氢化物镍蓄电池、锂原电池、锂离子蓄电池、太阳能电池、燃料电池和全钒液流电池免征消费税，油墨、胶黏剂等其他高VOCs排放的产品尚未纳入消费税征收范畴。②激励政策亟待加强，如企业对于苯系物等控制要求较高的重点污染源的监测设备投入较高，设备价格为50万元～100万元。而国内排放VOCs的企业里中小型企业占很大比重，如果仪器设备价格过高，企业配套VOCs监测设备的经济压力较大。

对工业VOCs主要排放源的控制和治理设施进行调研，调研内容主要包括控制措施及其实施效果、经济指标和可靠性等，例如针对主要VOCs排放源建立的泄漏管理、气体收集、气体处理与净化设施，以及设施的运行情况，设施建设运行的费用等。

四、排放源种类调查

(一)VOCs废气主要分类

按化学结构不同,VOCs可分为五大类:非甲烷碳氢化合物(烷烃、烯烃、炔烃、芳香烃)、卤烃类、含氧有机化合物(醇、醛、酮、酚、醚、酸、酯等)、含氮有机化合物(胺类、氰类、腈类等)、含硫有机化合物(硫醇、硫醚)等。

(二)大气污染来源

大气中VOCs主要来源分为室外和室内。室外主要来自工业生产(石油化工、表面涂装、制药工业、包装印刷、电子产业等)、燃料燃烧和交通运输产生的工业废气、汽车尾气、光化学污染等;室内主要来自燃煤和天然气等燃烧产物、吸烟、采暖和烹调等烟雾,建筑和装饰材料、家具、家用电器、清洁剂和人体本身排放等。

(三)水体污染来源

目前水体中VOCs已检验出2 000多种,其中对人体有害的达200余种。水中VOCs一般来自企业排放的废水和废气(称人为源),同时水中腐殖酸、富里酸及藻类代谢产物经加氯消毒后也会产生部分卤代烃(称天然源)。

(四)土壤污染来源

土壤中VOCs来源分为天然源和人为源两类。天然源主要来自绿色植被,是不可控排放源;人为源来源复杂,包括交通、燃烧、工业和居民生活等,其中又以工业源为主,其主要来自石油炼制与石油化工、交通运输设备制造、VOCs类物质(如油品、有机化工原料、燃气)储运、燃料不完全燃烧、合成材料生产、交通运输、有机溶剂散逸等行业和领域。

第三节　VOCs监测

环境保护部等六部委联合印发的《"十三五"挥发性有机物污染防治工作方案》意在加速并加强对VOCs的防治,并规定VOCs是指参与大气光化学反应的有机化合物,包括非甲烷烃类、含氧有机物、含氮有机物、含硫有机物等,是形成O_3和$PM_{2.5}$的重要前体物。准确监测是治理的基础,2017年12

月环境保护部印发了《2018年重点地区环境空气挥发性有机物监测方案》，确定了监测技术要求，并规定监测的组分共117种，包括沸点在−104～230 ℃的乙烷、乙烯、甲醛、苯、氟利昂、六氯丁二烯等，而非甲烷总烃等总量型的指标，由于无法真实反映VOCs的污染情况，没有作为监测的因子列出。

VOCs排放源的监测主要包括采样点设定、样品采集、VOCs分析测定。

一、采样点设定

（一）有组织排放源

工业VOCs有组织排放源监测的实施依据2007年12月7日环境保护总局批准的《固定源废气监测技术规范》(HJ/T 397—2007)执行。

1.监测方案的制定

收集相关的技术资料，了解产生废气的生产工艺过程及生产设施的性能、排放的主要污染物种类及排放浓度大致范围，以确定监测项目和监测方法。调查污染源的污染治理设施的净化原理、工艺过程、主要技术指标等，以确定监测内容。调查生产设施的运行工况，污染物排放方式和排放规律，以确定采样频次及采样时间。现场勘察污染源所处位置和数目，废气输送管道的布置及断面的形状、尺寸，废气输送管道周围的环境状况，废气的去向及排气筒高度等，以确定采样位置及采样点数量。收集与污染源有关的其他技术资料。根据监测目的、现场勘察和调查资料，编制切实可行的监测方案。监测方案的内容应包括污染源概况、监测目的、评价标准、监测内容、监测项目、采样位置、采样频次及采样时间、采样方法和分析测定技术、监测报告要求、质量保证措施等。对于工艺过程较为简单、监测内容较为单一、经常性重复的监测任务，监测方案可适当简化。

2.监测设备的准备

根据监测方案确定的监测内容，准备现场监测和实验室分析所需仪器设备。属于国家强制检定目录内的工作计量器具，必须按期送计量部门检定，检定合格、取得检定证书后方可用于监测工作。测试前还应进行校准和气密性检验，使其处于良好的工作状态。被测单位应积极配合监测工作，保证监测期间生产设备和治理设施正常运行，工况条件符合监测要求。在确定的采样位置开设采样孔，设置采样平台，采样平台应有足够的工作面积，保证监测人员安全及操作方便。设置监测仪器设备需要的工作电源。准备现场采样和实验室所需的化学试剂、材料、器具、记录表格和安全防护用品。

3. 对污染源的工况要求

在现场监测期间，应有专人负责对被测污染源工况进行监督，保证生产设备和治理设施正常运行，工况条件符合监测要求。通过对监测期间主要产品产量、主要原材料或燃料消耗量的计量和调查统计，以及与相应设计指标的比对，核算生产设备的实际运行负荷和负荷率。相关标准中对监测时工况有规定的，按相关标准的规定执行。除相关标准另有规定，对污染源的日常监督性监测，采样期间的工况应与平时的正常运行工况相同。

建设项目竣工环境保护验收监测应在工况稳定、生产负荷达到设计生产能力的 75%以上(含 75%)情况下进行。对于无法调整工况达到设计生产能力的 75%以上负荷的建设项目，可以调整工况达到设计生产能力 75%以上的部分，验收监测应在满足 75%以上负荷或国家及地方标准中所要求的生产负荷的条件下进行；无法调整工况达到设计生产能力 75%以上的部分，验收监测应在主体工程稳定、环保设施运行正常，并征得环保主管部门同意的情况下进行，同时注明实际监测时的工况。国家、地方相关标准对生产负荷另有规定的按规定执行。

4. 采样点

采样位置应避开对测试人员操作有危险的场所。采样位置应优先选择在垂直管段，应避开烟道弯头和断面急剧变化的部位。采样位置应设置在距弯头、阀门、变径管下游方向不小于 6 倍直径，且距上述部件上游方向不小于 3 倍直径处。对矩形烟道，其当量直径 $D=2AB/(A+B)$，式中 A、B 为边长。采样断面的气流速度最好在 5 m/s 以上。测试现场空间位置有限，很难满足上述要求时，可选择比较适宜的管段采样，但采样断面与弯头等的距离至少是烟道直径的 1.5 倍，并应适当增加测点的数量和采样频次。对于气态污染物，由于混合比较均匀，其采样位置可不受上述规定限制，但应避开涡流区。如果同时测定排气流量，采样位置仍按上述选取。必要时应设置采样平台，采样平台应有足够的工作面积使工作人员安全、方便地操作。平台面积应不小于 1.5 m^2，并设有 1.1 m 高的护栏和不低于 10 cm 的脚部挡板，采样平台的承重应不小于 200 kg/m^2，采样孔距平台面约为 1.2～1.3 m。

在选定的测定位置上开设采样孔，采样孔的内径应不小于 80 mm，采样孔管长应不大于 50 mm。不使用时应用盖板、管堵或管帽封闭。当采样孔仅用于采集气态污染物时，其内径应不小于 40 mm。对正压下输送高温或有毒气体的烟道，应采用带有闸板阀的密封采样孔。对圆形烟道，采样孔应设在包括各测点在内的互相垂直的直径线上。对矩形或方形烟道，采样孔应设在包括各测点在内的延长线上。

5.采样频率

相关标准中对采样频次和采样时间是有规定的，按照相关标准的规定执行。除相关标准另有规定，排气筒中废气的采样以连续一小时的产量获取平均值，或在1 h内，等时间间隔采集3～4个样品，并计算平均值。若某排气筒的排放为间接性排放，排放时间大于1 h，应在排放时段内也按上述要求采样；若排气筒的排放为间断性排放，排放时间小于1 h，应在排放时段内实行连续采样，或在排放时段内等间隔采集2～4个样品。

（二）无组织排放源

工业VOCs无组织排放源监测的实施依照2000年12月7日环境保护总局发布的《大气污染物无组织排放监测技术导则》（HJ/T 55—2000）执行。

1.被测单位基本情况调查

（1）被测单位的名称、性质和立项建设时间。被测单位的名称应采用全称，与单位公章所示名称相同。单位的性质是指该单位属企业单位还是事业单位、所属行业和企业规模（大、中、小）。了解被测单位立项建设的时间，是为了确定其应执行现有源还是新建源的排放标准（以GB 16297—1996中6的规定判定）。

（2）主要原、辅材料和主、副产品相应用量和产量等。应重点调查用量大，并可能产生大气污染的材料和产品。应列表说明，并予以必要的注解。

（3）单位平面布置图。标出基本方位，车间和其他主要建筑物的位置、名称和尺寸，有组织排放和无组织排放口及其主要参数，排放污染物的种类和排放速率，单位周界围墙的高度和性质（封闭式或通风式），单位区域内的主要地形变化等。此外，还应对单位周界外的主要环境敏感点（包括影响气流运动的建筑物和地形分布）、有无排放被测污染物的源存在等进行调查，并标于单位平面布置图中。

2.被测无组织排放源的基本情况调查

除排放污染物的种类和排放速率（估计值）之外，还应重点调查被测无组织排放源的排出口形状、尺寸、高度及其处于建筑物的具体位置等，应有无组织排放口及其所在建筑物的照片。

3. 排放源所在区域的气象资料调查

一般情况下，可向被测污染源所在地区的气象台(站)了解当地的“常年”气象资料，其内容应包括：①按月统计的主导风向和风向频率；②按月统计的平均风速和最大、最小风速；③按月统计的平均气温和气温变化情况；等等。如有可能，最好直接了解当地的逆温和大气稳定度等污染气象要素的变化规律。了解当地“常年”气象资料的目的是为监测时段的选择作指导。

4. 仪器设备和监测资料准备

(1)监测资料准备。GB16297—1996 和 HJ/T 55—2000 是无组织排放监测最主要的技术依据；由固定源排放的污染物标准分析方法中有关无组织排放的采样方法和样品分析方法是最重要的方法依据，必须在监测前阅读和理解其中的有关部分。

(2)现场风向、风速简易测定仪器准备。通常可用三杯式轻便风向风速表，亦可采用其他具有相同功能的轻便式风向风速表。仪器应通过计量监督部门的性能检定合格，并在使用前做必要的调试和检查。

(3)采样仪器和试剂准备。按照被测物质的对应标准分析方法中有关无组织排放监测的采样部分所规定的仪器设备和试剂做好准备。

5. 监测日期和监测时段的选择

按照 GB 16297—1996 的有关规定，“无组织排放监控浓度限值”是指监控点的浓度在任何 1 h 的平均值不得超过的限值。因此，对无组织排放的监督监测，应选择在下面列举的各种情况下进行：被测无组织排放源的排放负荷应处于相对较高的状态，或者至少要处于正常生产和排放状态。监测期间的主导风向(平均风向)更利于监控点的设置，并使监控点和被测无组织排放源之间的距离尽可能缩小。监测期间的风向变化、平均风速和大气稳定度三项指标对污染物的稀释和扩散影响很大，应按照本标准的判定方法对照本地区的“常年”气象数据选择较适宜的监测日期。在通常情况下，选择冬季微风的日期，避开阳光辐射较强烈的中午时段进行监测是比较适宜的。

6. 采样点

(1)一般情况下设置监控点的方法。所谓一般情况是指无组织排放源同其下风向的单位周界之间有一定距离，以至可以不必考虑排放源的高度、大小和形状因素。在这种情况下，排放源应可看作一点源。此时监控点（最多可设置4个）应设置于平均风向轴线的两侧，监控点与无组织排放源所形成的夹角不超出风向变化的±S°（10个风向读数的标准偏差）范围。在单位周界外设置监控点的具体位置，还要考虑到围墙的通透性（即围墙的通风透气性质）。按下面几种方法设置监控点。

——当围墙的通透性很好时，可紧靠围墙外侧设监控点。

——当围墙的通透性不好时，亦可紧靠围墙设监控点，但把来气口抬高至高出围墙20～30 cm。

——围墙的通透性不好，又不便于把采气口抬高，此时，为避开围墙造成的涡流区，宜将监控点设于距围墙1.5h～2.0h（h为围墙高度，m），距地面1.5 m处。

（2）存在局地流场变化情况下的监控点设置方法。当无组织排放源与其下风向的围墙（周界）之间存在若干阻挡气流运动的物体时，局地流场的变化将使污染物的迁移运动变得复杂化。此时需要进行局地流场简易测试，并依据测试结果绘制局地流场平面图。监测人员需要对局地流场平面图进行研究和分析，尤其需要对无组织排放的污染物运动路线中的某些不确定因素进行仔细分析后，再决定设置监控点的位置。

（3）无组织排放源紧靠围墙时的监控点设置方法。无组织排放源紧靠围墙（单位周界）时，有对监测有利的一面，同时也有其特殊的复杂性。此时监控点应分别按如下几种情况进行设置。

——排放源紧靠某一侧围墙，风向朝向与其相邻或相对之围墙时，如该排污单位的范围不大，排放源距与之相对或相邻的围墙（单位边界）不远，仍设置监控点。

——如果排放源紧靠某一侧围墙，风向朝向与其相邻或相对之围墙，且排污单位的范围很大，此时在排放源下风向设监控点已失去意义，主要的问题是考察无组织排放对其相近的围墙外是否造成污染和超过标准限值。因此，在这种情况下应选择风向朝向排放源相近一侧围墙，在近处围墙外设监控点；对于静风及准静风（风速小于1.0 m/s）状态，依靠无组织排放污染物的自然扩散，在近处围墙（单位周界）外设置监控点。

——无组织排放源靠近围墙（单位周界），风向朝向排放源近处围墙，且排放源具有一定高度，应分别设置监控点。

参照点最好设置在被测无组织排放源的上风向，以排放源为圆心，以距排放源 2 m 和 50 m 为圆弧，与排放源成 120°夹角所形成的扇形范围内。

平均风速等于或大于 1 m/s 时的参照点设置：当平均风速等于或大于 1 m/s时，由被测排放源排出的污染物一般只能影响其下风向，故参照点可在避开近处污染源影响的前提下，尽可能靠近被测无组织排放源设置，以使参照点可以较好地代表监控点的本底浓度值。

平均风速小于 1 m/s(包括静风)时的参照点设置：当平均风速小于 1 m/s 时，被测无组织排放源排出的污染物随风迁移作用减小，污染物自然扩散作用相对增强，污染物可能以不同程度出现在被测排放源上风向，此时设置参照点，既要注意避开近处其他源的影响，又要在规定的扇形范围内比较远离被测无组织排放源处。

(4)存在局地环流情况下的参照点设置。当被测无组织排放源周围存在较多建筑物和其他物体时，应警惕可能存在的局地环流，它有可能使排出的污染物出现在无组织排放源的上风向，此时应对局地流场进行测定和仔细分析后，按照前面所说的原则决定参照点的设置位置。

7. 采样频率

无组织排放监控点的采样，一般用连续 1 h 采样计平均值。若污染物浓度过低，需要时可以适当延长采样时间；如果分析方法的灵敏度高，仅需用短时间采集样品时，实行等时间间隔采样，在 1 h 内采集 4 个样品计平均值。为了捕捉监控点最高的时间分布，每次监测安排的采样时间可多于 1 h。

无组织排放参照点的采样应同监控点的采样同步进行。采样时间和采样频次均应相同。

8. 采样方法

对于无组织排放的控制是通过对其造成的环境空气污染程度而予以监督的，所以，无组织排放的“监控点”设置于环境空气中。我国已经针对大气污染物排放标准制定了配套的标准分析方法，其中有关的采样部分已分别按有组织排放和无组织排放作出规定，因此，无组织排放监测的采样方法应按照配套标准分析方法中适用于无组织排放采样的方法执行，个别尚缺少配套标准分析方法的污染物项目，应按照适用于环境空气监测方法中的采样要求进行采样。

二、样品采集

1.容器收集法

容器收集法是比较常用且简单的一种方法，该方法一般应用于浓度较高的污染源的收集。收集容器包括塑料袋、注射器和罐子。塑料袋虽然使用方便，价格便宜，但是在使用的过程中会产生渗透造成样品的污染和损失。玻璃容器采样体积有限且易碎，针筒内壁常常会吸附一些样品气体，造成样品损失。罐取样技术广泛应用在国内外的采样过程中，其中 USEPA 所采用的标准方法就是 Sum - ma 罐取样技术，该方法是利用预先抽真空的罐子进行空气样品的采集，然后富集，最后利用高效气相色谱进行样品的定性以及定量分析。采用这种技术的优点在于可以避免光照或者化学反应的影响，能够保证样品的完整性，且回收率加高，有效地避免了因为污染或者吸附造成的影响。

2.有动力采样方法

如果在采集样品的过程中既需要测定 VOCs 的平均浓度，又需要确定 VOCs 的峰值浓度，那么就要采用有动力采样方法。传统的方法是利用颗粒态的活性炭吸附采样，但是其灵敏度较低，只能应用于高浓度的 VOCs 分析。除了活性炭，Tenax 吸附剂也是一种比较好的材料，虽然这种吸附剂已经广泛应用在三态中挥发性物质的采集，但是其价格比较高而且吸附容量较低。所以，经过长时间的实践发现，活性炭纤维作为吸附剂可以有效完成样品的采集而且吸附容量大，且易解吸。

3.被动采样方法

在环境卫生以及环保监测过程中常用被动采样方法进行样品的采集。该方法适用于室内空气监测，对于室外大范围的空气监测并不适用。由于空气中 VOCs 比较集中，所以技术人员在对样品进行采集时是将吸附剂直接暴露在空气中，利用空气中 VOCs 的流动性扩散到吸附剂的周围，这样 VOCs 就会黏附在吸附剂上。该方法虽然可以实现对 VOCs 的监测，但是对外界环境条件要求比较高，如果空气不流通，那么就不能完成 VOCs 的采样工作。同时，湿度、温度以及其他物质的干扰等因素都会影响空气中 VOCs 的监测。

虽然 VOCs 的采集方法有许多种，但是每种方法都有自己的优缺点。容器收集法操作简单但是对浓度要求较高；后两种方法都是利用吸附剂来进行样品的采集，所以对吸附剂要求较高；动力采样方法不适于偏远地区，多点采样;虽然被动式采样可以弥补这一点,但是其受外界因素影响较大,影响了后续的长期使用。

依据工业 VOCs 采样的原理,可将样品的采集分为直接采样法、吸收式采样法、吸附式采样法。

直接采样法是利用真空泵直接将工业排放的 VOCs 气体收集到空的容器(如储气瓶、采样袋、采样针筒)或现场仪器的传感器、分析室中。

吸收式采样法是某些液体对气体中的 VOCs 吸收能力,将 VOCs 从气相捕集到吸收液的采样方法。

吸附式采样法是利用固体吸附剂的吸附能力采集和浓缩 VOCs 样品的方法。

三、VOCs 测定方法

(一)气相色谱-质谱法(GC - MS)

气相色谱-质谱法是目前通用的检测 VOCs 的方法。利用气相色谱-质谱法可以对未知气体进行定性以及定量的分析。关于定性、定量的分析原理和方法,国外研究得比较早,也取得了突破式进展。对于气相色谱-质谱法检测大多数 VOCs 而言,检出限为 1～10 μg/kg。

最近几年有研究学者利用这样的检测方法检验某油罐区大气中 VOCs 的种类以及含量,取得了不错的效果。但是其也有不足,比如取样困难,运输管理不完善,储藏方法不当易使样品混合导致样品交叉污染等。复杂样品的预处理不仅费时、费力、费钱,还消耗大量的溶剂,且检测项目受到限制。尤其是现阶段的检测还停留在实验室阶段,而实验室检测有明显的滞后性。在分析过程中,挥发性有机物容易与其他气体(如臭氧、氯气、氮的氧化物等)反应,且采样困难,前期处理不易,这样就会直接影响结果的准确性。因此,在实际的检测过程中,要减少这种反应的影响,最大限度地减少误差。

(二)质子转移反应质谱

质子转移反应质谱(PTR - MS)是近几年应用比较广泛的技术,因为其具有灵密度高、监测时间短的优点,所以其在环境监测领域得到广泛应用。其基本原理就是将各种 VOCs 电离成单一的离子,这样质谱就可以快速识别,避免了绝对量的标定。但是该方法依然存在着一些问题——只能通过核质比来区分离子,所以对于同分异构体的有机分子就难以区分。

常见的工业VOCs测定方法见表2-1。

表2-1 常见的工业VOCs测定方法

序号	指标	测定方法	参考文献或标准
1	挥发性有机物(VOCs)	固体吸附热脱附气相色谱-质谱法；用采样罐采气相色谱-质谱法	《空气和废气监测分析方法》
2	总烃	气相色谱法	《环境空气 总烃、甲烷和非甲烷总烃的测定 直接进样 气相色谱法》(HJ 604—2017)
3	非甲烷总烃	气相色谱法	《固定污染源废气 总烃、甲烷和非甲烷总烃的测定 气相色谱法》(HJ 38—2017)
4	苯系物	活性炭吸附二硫化碳气相色谱法	《空气和废气监测分析方法》
5	甲苯	气相色谱法	《环境空气 苯系物的测定 固体吸附/热脱附 气相色谱法》(HJ 583—2010)
6	二甲苯	气相色谱法	
7	苯系物	气相色谱法	
8	氯苯类化合物	气相色谱法	《固定污染源废气 氯苯类化合物的测定 气相色谱法》(HJ 1079—2019)
9	硝基苯类化合物	锌还原-盐酸萘乙二胺分光光度法；苯吸收填充柱气相色谱法；固体吸附气相色谱法	《空气和废气监测分析方法》
10	苯酚类化合物	4-氨基安替比林分光光度法；气相色谱法；氢氧化钠溶液吸收高效液相色谱法	《空气和废气监测分析方法》
11	苯胺类化合物	气相色谱法	《大气固定污染源 苯胺类的测定 气相色谱法》(HJ/T 68—2001)
12	多环芳烃类化合物	气相色谱-质谱法；超声波萃取高效液相色谱法	《空气和废气监测分析方法》

续表

序号	指标	测定方法	参考文献或标准
13	挥发性卤代烃	气相色谱法	《空气和废气监测分析方法》
14	氯丁二烯	气相色谱法	《空气和废气监测分析方法》
15	氯乙烯	气相色谱法	《固定污染源排气中氯乙烯的测定 气相色谱法》(HJ/T 34—1999)
16	甲醇	气相色谱法	《固定污染源排气中甲醇的测定 气相色谱法》(HJ/T 33—1999)
17	甲醛	酚试剂分光光度法； 乙酰丙酮分光光度法； 离子色谱法	《空气和废气监测分析方法》
18	乙醛	气相色谱法	《固定污染源排气中乙醛的测定 气相色谱法》(HJ/T 35—1999)
19	丙烯醛	气相色谱法	《固定污染源排气中丙烯醛的测定 气相色谱法》(HJ/T 36—1999)
20	丙酮	气相色谱法； 糠醛比色法	《空气和废气监测分析方法》
21	丙烯腈	气相色谱法	《固定污染源排气中丙烯腈的测定 气相色谱法》(HJ/T 37—1999)
22	三甲胺	气相色谱法	《空气和废气监测分析方法》
23	吡啶	巴比妥酸分光光度法； 气相色谱法	《空气和废气监测分析方法》

注：《空气和废气监测分析方法(第四版增补版)》，北京：中国环境科学出版社，2007。

四、工业VOCs在线连续监测和现场快速监测

对VOCs排放浓度和排放量进行在线连续监测，是更加科学、准确地评价VOCs源排放特征和设施处理效果的重要基础。在欧美等发达国家，针对VOCs源排放监测的连续监测技术已得到广泛应用，在节省人力、物力的同时，大大提高了VOCs监测的准确、可靠程度。常见VOCs在线检测仪器主要基于催化氧化＋温度传感器、半导体传感器(见图2-2)、电化学传感器、光离子化检测器(PID)(见图2-3)、氢火焰离子化检测器(FID)和红外线吸收检测等。由在线传感器或检测器得到的大量VOCs浓度信号，可以通过有线或无线方式传输至监测控制系统进行处理和显示。

图2-2　半导体VOCs传感器

图2-3　基于PID的VOCs在线监测仪表

除了在线连续监测外，有时还需要在现场对VOCs排放进行快速监测，以掌握VOCs污染的第一手资料。依据不同的监测原理，可以将工业VOCs现场监测方法分为检测管法、传感器法和便携式GC法。

(一)检测管法

检测管法是以改变颜色的化学试剂浸泡过的载体作指示剂，将一定量的指示剂装入一个固定有限长内径的玻璃管内，然后采用主动或被动的取样方式，将现场空气以一定的速度抽过检测管；气体中的VOCs分子与管中的指示剂发生化学反应而呈现明显的颜色；将变色的深浅与先前制作的标准比色板进行比较，确定空气中VOCs浓度(比色检测)，或者根据指示剂变色长度来确定被检测空气中VOCs的含量(比长检测)。

(二)传感器法

与连续在线监测类似，基于不同原理的各种传感器也可以制作便携式的VOCs现场测定仪器。现场监测中最常用的传感器是PID，其他传感器包括FID检测器、金属氧化物检测器、电化学传感器等。

PID的原理是用紫外(UV)光将有机物打成可被检测器检测到的正负离子(离子化)。检测器测量离子化气体的电荷并将其转化为电流信号，电流被放大并显示出浓度值。在被检测后，离子重新复合成为原来的气体和蒸气。PID是一种非破坏性的检测器，它不会“燃烧”或永久改变待测气体。某便携式VOCs测定仪(基于PID原理)如图2-4所示。

(三)便携式GC法

为了区分不同的VOCs组分，还可以使用便携式气相色谱对现场的VOCs浓度进行测定。通过色谱柱对具有不同保留时间的被测组分进行分离，分离出的各组分通过检测器(如PID、FID、TCD、ECD、MS检测器等)时，其真实浓度或质量流量信号转变成可测量的电信号，信号量的大小与浓度或质量成正比。某品牌便携式GC-MS如图2-5所示。

图2-4 便携式VOCs测定仪(PID检测器)

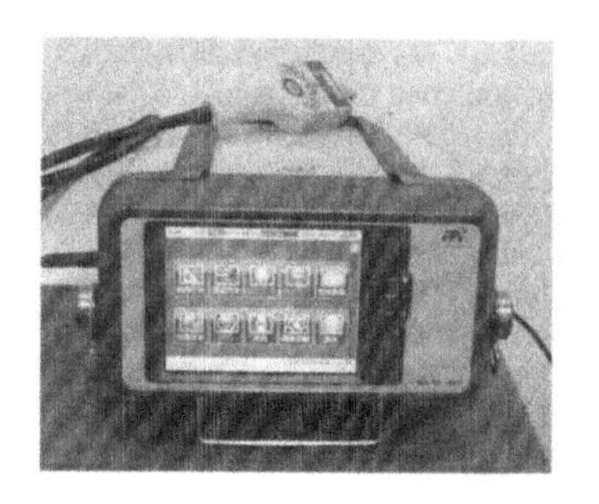

图2-5 便携式GC-MS

不同现场快速监测方法的检出范围、适用范围、影响因素和精密度见表2-2。

表 2-2 工业 VOCs 现场快速监测方法对比

序号	测定方法	适用范围	检出范围	影响因素	精密度
1	检测管法	高浓度 VOCs 的半定量检测	0.5×10^{-6}～50×10^{-2}	气体湿度、气体采集体积、速度	测定误差较大
2	传感器法(PID)	中浓度 VOCs 的定量检测	0.1×10^{-6}～2×10^{-2}	湿度与电磁辐射	相对标准差≤10%
3	便携式 GC 法	低浓度 VOCs 的定性、定量检测	5×10^{-6}～2×10^{-3}	仪器参数设置和柱温	相对标准差≤2%

第四节 管线泄漏监测

一、泄漏检测与修复技术

在大型石油炼化装置和管线中,VOCs 泄漏问题时有发生。VOCs 泄漏不仅造成加工损失、能源损耗、环境污染,而且可能引发火灾、中毒等重大事故。研究表明,在石化行业 VOCs 排放总量中,管线组件和储罐的线路排放约占 76%。针对石化企业,采用固定或移动检测设备对管线等组件的 VOCs 泄漏点进行检测和修复,称为泄漏检测与修复技术。

泄漏检测与修复(leak detection and repair,LDAR)是一种从源头上控制行业工艺设备与管线无组织泄漏的最佳可行技术,规范实施 LDAR 工作可显著削减工艺设备管线泄漏环节的 VOCs 无组织排放。另外,通过常规或非常规检测手段,检测或检查受控密封点,并在一定期限内采取有效措施修复泄漏点。

二、VOCs 泄漏检测与修复(LDAR)产品解决方案

开展常规检测应配备氢火焰离子化检测仪,如行业污染物排放标准另有规定,则按行业污染物排放标准执行。光学检查中根据受控设备中 VOCs 物料组分和含量,选择合适的光学仪器(如光学气体成像仪、傅里叶红外成像光谱仪等)。发现有明显来自密封点的烟羽,则该密封点为疑似泄漏点。

三、VOCs 泄漏检测与修复(LDAR)政策支持

2012 年 10 月，环境保护部、国家发展改革委和财政部联合印发了《重点区域大气污染防治“十二五”规划》，要求石化企业应全面推行 LDAR；2013 年 9 月，国务院关于印发《大气污染防治行动计划的通知》，要求推进 VOCs 污染治理，在石化行业开展“泄漏检测与修复”技术改造；2014 年 12 月，环境保护部发布《石化行业挥发性有机物综合整治方案》，要求 2015 年底前，全国石化行业全面开展 LDAR 工作；2015 年 4 月，环境保护部发布的《石油炼制工业污染物排放标准》《石油化学工业污染物排放标准》《合成树脂工业污染物排放标准》三项标准中，均对 LDAR 实施的具体内容作出了明确要求；2015 年 11 月，环境保护部发布《石化企业泄漏检测与修复工作指南》，对石化企业实施 LDAR 的工作流程等内容作了规定；2017 年 9 月，环境保护部等六部委联合发布《“十三五”挥发性有机物污染防治工作方案》，提出石化行业和现代煤化工行业全面实施 LDAR；2018 年 6 月，国务院关于印发《打赢蓝天保卫战三年行动计划的通知》，明确提出实施 VOCs 专项整治方案，并要求出台泄漏检测与修复标准，编制 VOCs 治理技术指南；2019 年 6 月，生态环境部发布《重点行业挥发性有机物综合治理方案》，明确要求石化行业深化 LDAR 工作；2022 年 4 月，为规范工业企业挥发性有机物泄漏检测与修复工作，生态环境部组织印发了《工业企业挥发性有机物泄漏检测与修复技术指南》，该标准是国家层面统一规范各工业行业的 LDAR 项目，实现流程、操作和数据的标准化。

目前，加拿大、欧盟等均借鉴 USEPA 制定的《VOCs 泄漏测定方法》(方法 21)，用于监测设备和管道的无组织排放。在我国，各级政府正在积极引进和推进 LDAR 技术，制定相关技术标准和控制规范。

在 USEPA 文件《泄露检测与修复：最佳技术指南》中指出，较为成熟的 LDAR 技术主要包括标识泄漏点、定义泄漏标准、监测泄漏组件、修复泄露组件和报告闭环等步骤，其子程序包括检测前准备子程序、检测子程序、修复子程序、报告子程序。

“定义检测、及时修复”是 LDAR 技术最主要的原则，通常采用在线或移动便携式的检测仪器(氢火焰离子化检测器、傅里叶变换红外光谱仪、气相色谱 GC－FID/PID/质谱 MSD、光离子化检测器 PID 等检测设备)对组件泄露源进行 VOCs 浓度检测，若超过所定义的浓度值，则必须在规定期限内(国新能源国家标准 NSPS 规定：必须在 5 d 内进行修复，修复时间不得超过 15 d)进行修复。USEPA 的方法 21 规定，一般每季度对装置泄漏检测一次，泄漏

检测修复报告是一年做两次。泄露限值Ⅰ阶段为$10\ 000\times10^{6}$(体积分数),Ⅱ阶段为500×10^{6}(体积分数),Ⅲ阶段则采用一种激励机制,如果出现超过500×10^{6}(体积分数)的检出频率很低(如<1%,甚至<0.5%),可延长相应检测频次至半年一次或每年一次,反之(如果检测频率>2%),则要增加检测频次至每月一次。

第五节　工业排放量的估算方法

近年来各地政府部门相继推出了VOCs排污收费政策,收费不是目的,最主要还是通过经济杠杆迫使企业自觉进行VOCs减排,减少大气污染。

由于VOCs涉及行业种类繁多,因此测算方式也不尽相同。目前常用的VOCs排放量估算方法有以下4种:直接测量法、物料衡算法、排放因子法、公式法。在实际工作中,行业特点不同,排放源类型不同,VOCs的产生方式也千差万别。因此,应当根据不同的行业特征和VOCs的排放特征合理选择VOCs排放量估算方法。

一、直接测量法

直接测量法是通过对企业排气筒或无组织排放源进行监测获取数据,并计算相应环节排放量的方法,该方法测得结果最接近实际值。但由于目前测量仪器的局限性,很难对VOCs内所有成分进行检测分析,且很多无组织排放无法进行合理有效的收集,给实测带来了一定的困难。

计算公式如下:

$$G=C\cdot Q\cdot T\times10^{3} \tag{2-1}$$

式中:G为废气中挥发性有机物的排放量(g);C为挥发性有机物的实测浓度值(mg/m^3);Q为废气排放总量(m^3/h);T为某周期内污染物排放时间(h)。

为了保证数据的准确性,需要多次测定样品取加权平均值。直接测量法一般只适用于有组织排放源(工业点源)VOCs排放量的估算。

二、物料衡算法

物料衡算法是根据物质质量的守恒原理,对生产过程中使用的物料变化情况进行定量分析,从而计算获得产生量或排放量的方法。该方法建立在对企业进行充分了解的基础上,从物料平衡分析着手,对企业的原材料、辅料、能源、生产工艺过程、排污情况等所有存在VOCs的环节进行综合分析,最后才能得出较真实的 VOCs 产生量。企业缺少各个环节的 VOCs 监测计量环节，并且无组织 VOCs 排放难以量化，因此该方法存在很大的局限性。

在生产过程中，进入某系统的物料量，必等于排出系统的物料量和生产过程中的积累量（产品中的积累量）。物料衡算法的计算公式如下：

$$\sum G_{排放}=\sum G_{投入}-\sum G_{产品}$$

式中：$\sum G_{排放}$ 为生产过程排放的 VOCs 量；$\sum G_{投入}$ 为投入物料 VOCs 总量；$\sum G_{产品}$ 为所得产品中 VOCs 量。

物料衡算法不仅适用于有组织排放源（工业点源）VOCs 排放量的估算，同样适用于无组织排放源 VOCs 排放量的估算。

三、排放因子法

排放因子法主要是指在无法直接得到 VOCs 排放数据的情况下，通过经验排放系数来计算 VOCs 的排放量。VOCs 的排放量与某些相对容易得到的指标，如产品产量、原料的使用量等存在一定的相关性。因此，在开展污染调查之前，利用这些较为宏观的指标，就可以对企业 VOCs 排放量做出合理的估算和预期，同时，也可在一定程度上对得到的 VOCs 排放量进行验证。

排放因子法计算公式为

$$G_i=K_i\cdot W$$

式中：G_i 为污染物的排放量(kg/a)；K_i 为 VOCs 排放系数(kg/t)；W 为产品年产量(t/a)。

四、公式法

该方法专业性较强，主要是利用公式表征生产过程物料的物理化学过程，从而计算出 VOCs 的排放量。公式法的前提是默认管件不发生泄漏，对于实际情况来说具有一定的局限性。

1. 公式法（气体加工容器）

除火炬系统按以上公式核算 VOCs 排放量时，开停工过程的 VOCs 排放量可不重复核算外，均应单独核算。

$$E_{开停工}=\sum_{i=1}^{n}\left[10^{-6}\times\frac{P_v+101.325}{101.325}\times\frac{273.15}{T}\times(V_v\times f_{空置})\times C\right]_i$$

式中：$E_{开停工}$—— 开停工过程中 VOCs 的排放量，kg/a；

P_v——泄压气体排入大气时容器的表压，kPa；

T——泄压气体排入大气时容器的温度，K；

V_v——容器的体积，m^3；

$f_{空置}$——容器的体积空置分数，除去填料、催化剂或塔盘等所占体积后剩余的体积分数，当容器中不存在内构件时，取1；

C——泄压气体中VOCs的浓度，mg/m^3；

i——每年的开停工次数。

2. 公式法（液体加工容器）

$$E_{开停工}=\sum_{i=1}^{n}\{V_v\times(1-V')\times f_1\times d\times WF\times[f_2\times(1-F_{eff})+(1-f_2)]\}_i$$

式中：$E_{开停工}$——开停工过程中VOCs的排放量，kg/a；

V_v——容器的体积，m^3；

V'——容器内填料、催化剂或塔盘等所占体积分数，在容器中不存在内构件时，取0；

f_1——容器吹扫前液体薄层或残留液体的体积分数，取值在0.1%～1%之间；

d——液体的密度，kg/m^3；

WF——容器内VOCs的质量分数；

f_2——液体薄层或残留液体被吹扫至火炬或其他处理设施的质量分数；

F_{eff}——火炬或处理设施的效率，%，处理设施的效率采用实测值。

根据实际情况，VOCs的4种测算方法也有所不同，可以单独使用，也可以相互结合。当有条件实测时首选实测法；其次是公式法，并且给出了在计算过程中所需的各个参数；最后是排放因子法，给出了各个工艺单元中阀门、泵、法兰等的平均泄漏速率，最终进行核算得出VOCs产生量。因此，只有根据实际情况灵活应用，才能得出较接近实际的VOCs排放量。

第三章　低渗透油田特点及典型站场主体工艺技术

第一节　低渗透油田典型特点

鄂尔多斯盆地油藏属于典型的低渗、低压、低丰度的“三低”油气藏，为典型的岩性油气藏，隐蔽性、非均质性强，地质条件复杂，单井产量低，勘探开发难度大。在40年的开发建设中，先后成功开发了36个低渗透油气田，低渗透油气资源开发的下限从50 mD下降到0.3 mD～0.5 mD。地处鄂尔多斯盆地的长庆油田作为全国低渗透油田开发和开采的先驱者，探索出一系列有利于高效开发低渗透油田的技术。整体开发思路是以“提高单井产量，降低投资成本”为主线，针对低渗透油田的实际情况，突出整体性和规模性，切实做到勘探开发一体化，采用新技术、新模式、新机制，实现低渗透油田的低成本、高质量开发。

一、油田开发特点

虽然低渗透油田开发难度很大，但从正反两方面的观点来看低渗储层，也有其相对有利的一面，即低渗透油藏油层分布稳定、储量规模较大、原油性质较好、水敏矿物较少、储层微裂缝发育、宜注水开发、稳产能力强等，利于规模化建产。自2008年低渗透油藏投入规模开发以来，长庆油田始终坚持“经济有效，规模开发”的基本思路，原油产量快速增长，主要有如下特点。

（一）低成本开发建设

多井低产是低渗透油藏开发建设必须面对的现实。随着长庆低渗透油藏难动用储量和深层储量逐步投入开发，井深在逐步增加，单井产量则在逐步下降，万吨产建的油水井数成倍增长，开采的成本将越来越高。提高单井产量和降低投资成本是长庆低渗透油藏效益开发的两大核心工作内容，必须面对现实、解放思想、实事求是，做好技术创新、管理创新和深化改革，走低成本、高质量、集约化发展的新路子。

在实施低成本战略过程中，通过创新的开发模式，进行精细储层描述、井网技术、压裂改造技术，强化超前注水，采用“一大五小”(大井场和小井距、小水量、小套管、小机型、小站点)开发模式，持续推进地面优化简化工作，推行标准化设计、模块化建设、数字化管理、市场化运作的“四化”建设模式，降低建设成本，实现快速、规模、有效开发。

(二)大规模开发建设，快速上产

长庆低渗透油藏的分布和储量条件决定了其具备大规模上产的基础，根据中国石油集团提出“效益开发，战略产出”的总体部署和“东部硬稳定、西部快发展”的战略，长庆油田处于快速发展时期，2年时间即实现 2.0×10^7 t向 3.0×10^7 t跨越，成为我国近年来陆上油气储量、产量增长速度最快的油田。为实现长庆油田 5.0×10^7 t的战略目标，低渗透油藏无疑是最现实的发展方向之一。

勘探开发一体化(见图3-1)改变过去先勘探、后评价、再开发的做法，围绕含油富集区，预探、评价、开发井三位一体，按开发井网统一规划、整体部署，边发现、边评价、边开发，通过整体性评价、一体化部署、规模化建产，勘探向开发延伸，开发向勘探渗透，大幅缩短了勘探开发周期，实现了储量和产量的快速增长。

市场化解决了工程技术服务力量因大规模开发短缺的问题，大量的社会施工队伍集结低渗透油藏开发，展开了规模建产的大场面。工程建设方面，积极推行钻井提速工程和标准化建设，适应了滚动开发、快速建产的需要。

低渗透油藏开发按照快速开发建设思路，一个油田从预探发现到规模开发的周期从过去的5～8年，缩短到目前的2～3年。例如，华庆油田用不到两年时间，提交探明储量 2.63×10^8 t，控制 2.64×10^8 t；已动用 1.23×10^8 t，建产能 1.65×10^6 t。

(三)高水平、高质量开发

建设现代化的大油田是长庆低渗透油藏开发的终极目标，低成本开发并不意味着因陋就简，在安全环保标准不降、管理水平不降、以人为本措施不降的基础上，通过工艺简化、标准控制、机制创新，实现低成本条件下的高水平、高质量开发建设。在技术应用方面，大力提倡工艺简化和技术进步，积极应用“四新”技术全力推动技术集成创新，技术攻关与生产建设一体化，以技术攻关成果指导生产建设实施，以生产建设实施效果来检验技术成果，实现科学建产；在管理上，借助现代化的科技手段，通过数字化管理，来减少用人，提高油田的管理水平；在安全环保方面，开发建设、生产运行、安全环保一体化，将安全环保理念贯穿落实于生产建设各个环节，实现绿色建产、有序开发。

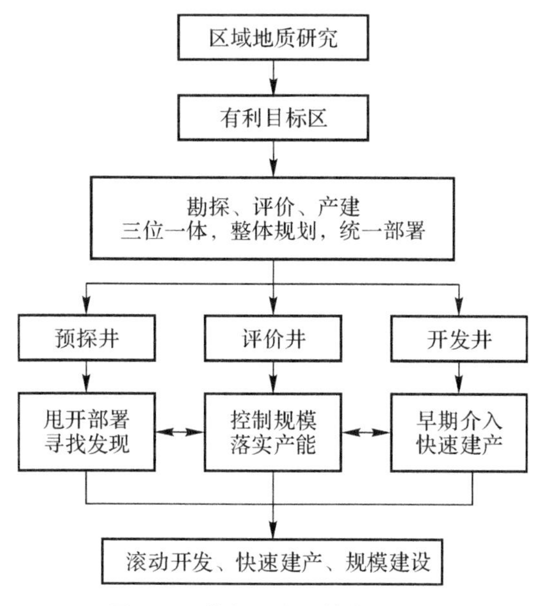

图 3-1 勘探开发一体化流程图

二、油田开发技术

低渗透油田开发是一项极其复杂、多技术集成的系统工程。1907 年中国钻成第一口油井——延 1 井，发现了延长油矿，踏出了低渗透油藏开发的第一步。目前，对于低渗透油田开发已形成一系列的技术，主要包括油气藏描述技术、钻井技术、完井技术、储层增产技术、驱替技术、井网加密技术等。

实践表明，这些技术的成功研发与应用，对低渗透油田的增储上产发挥了十分重要的作用。不断提高单井产量，推广应用新技术、新工艺、新材料、新装置，是低渗透油田开发成功的关键所在。

三、油田开采方式

由于油藏的构造和驱动类型、深度及流体性质的差异，其开采方式也不相同。常用的采油方式分为自喷和人工举升两种方式。

自喷采油法是完全依靠油层能量将原油从井底举升到地面的采油方式。凡是油井能够自喷采油的油田，其油层压力都比较大，驱油能量比较足，油层的渗透率比较高。这是油田开发中最为理想的一种开采方式。一个油田的自喷期毕竟也是有限的，之后总是要转到用机械采油的方式来继续开采。

机械采油是目前我国最为常见的采油方式，也称为深井泵采油。有的油藏能量低，渗透性差，油井开始即不能自喷，还有的是自喷开采的油藏，在油井含水达到一定程度后就不再自喷了。上述两种情况下都只能用机械开采的方式来进行。我国90%以上的采油井均采用机械采油。机械采油包括用水力活塞泵、电动潜油泵和射流泵等的无杆泵采油和用游梁式深井泵装置的有杆泵采油。

有杆泵采油是指通过抽油杆柱传递能量的举升方式。有杆泵采油井的系统是以抽油机、抽油杆和抽油泵“三抽”设备为主的有杆抽油系统。其主要优点是结构简单，维修管理方便，在中深采油井中泵的效率为50%左右，适用于中、低产量的油井。目前世界上有85%以上的油井用机械采油法生产，其中绝大部分采用有杆泵。鄂尔多斯盆地油井地层能量低，普遍采用有杆泵采油。

第二节　低渗透油田集输工艺流程

油气（即原油和伴生气）集输（也称为原油集输）工程是从油井井口开始，收集和处理站场为中间环节，以油气管道为连接网络，矿场原油库或输油（商品原油）、输气（商品天然气）管道，首站为终点的矿场业务。简单来说，就是将油田各油井采出物集中起来，经过处理后，生产出符合商品质量要求的原油和天然气的过程。因此，油气集输过程包括油气汇集、处理与输送等三个工艺过程。

一、生产过程关系

油气集输系统由不同功能的工艺单元组成，主要包括分井计量，集油、集气，油气水分离，原油处理（脱水、稳定等），原油储存，伴生气（也称为天然气）处理（脱水、凝液回收等），采出水处理，商品原油和商品天然气输送等，各工艺单元之间相应关系如图 3 - 2 所示。

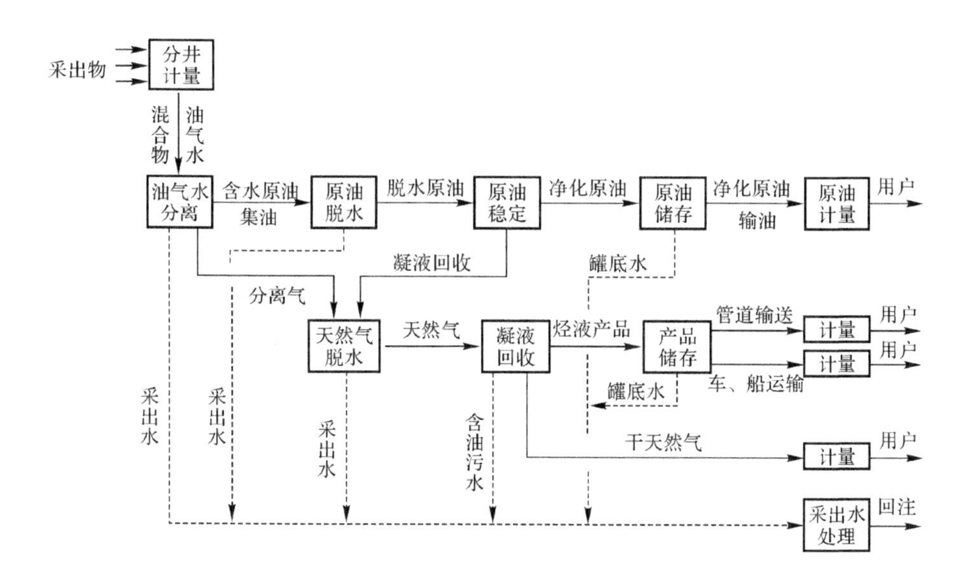

图 3 - 2 油气集输系统生产过程框图

二、生产过程主要内容

油气集输系统各生产过程的主要内容如下。

(一)分井计量

分井计量主要是为了掌握油井生产动态,测出单井产出物内原油、伴生气、采出水的产量值,作为调整采油工艺及分析油藏开发动态的依据,一般在计量站上进行。

油、气、水日产量定期、定时、轮换进行计量。气、液在计量分离器中分离并分别进行计量后,再混合进入集油管道。计量分离器分两相和三相两类。两相分离器把油井产物分为气体和液体;三相分离器把油井产物分为气体、游离水和乳化油,然后用流量仪表分别计量出体积流量。当含水原油为乳状液时,用含水分析仪测定其含水率。

随着油井产量计量技术的发展,“油井示功图法量油”(简称功图法量油)在长庆油田全面推广,油井产量计量直接在井场完成,取消了计量站,有效简化了集输工艺。

(二)集油、集气

集油、集气是将计量后的油气水混合物汇集并送到油气水分离站场,或将含水原油、天然气汇集分别送到原油脱水及天然气集气站场。集输管网系统的布局须根据油田面积和形状、油田地面的地形和地物、油井的产品和产能等条件进行。一般面积大的油田,可分片建立若干个既独立又相互联系的系统;面积小的油田,建立一个系统。

(三)油气水分离

为了满足油气处理、储存和外输的需要,气、液混合物要进行分离。气、液分离工艺与油气组分、压力、温度有关。高压油井产物宜采用多级分离工艺。生产分离器也有两相和三相两类。因油、气、水密度不同,可采用重力、离心等方法将油、气、水分离。分离器结构有立式和卧式之分,有高、中、低不同的压力等级。分离器的型式和大小应按处理气、液量和压力大小等选定。处理量较大的分离器采用卧式结构,分离后的气、液分别进入不同的管道。

(四)接转及增压

当油井产出物流不能靠自身压力继续输送时,需接转增压继续输送。一般气、液分离后分别增压——液体用油泵增压,气体用天然气压缩机增压。也可油气水三相混输增压。对于地形条件复杂的油田,尤其是高差起伏较大时,为了将一些位置较低的油井纳入集输系统,也可采用在井站间布置增压点的方式,将单井或多井的油井产出物流增压后进入相关站场。

(五)原油脱水

原油脱水是含水原油经破乳、沉降、分离,脱除游离水、乳化水和悬浮固体杂质,使原油含水率达到规定的质量标准。脱水方法根据原油物理性质、含水率、乳化程度、化学破乳剂性能等,通过试验确定。一般采用热化学沉降法脱除游离水和电化学法脱除乳化水的工艺。

(六)原油稳定

原油稳定是脱出原油内易挥发组分,主要为脱除原油中溶解的甲烷、乙烷、丙烷等烃类气体组分,使原油饱和蒸气压符合商品原油标准。原油稳定可采用负压脱气、加热闪蒸和分馏等方法。原油稳定与油气组分含量、原油物理性质、稳定深度要求等因素有关，由各油田根据具体情况选择合适的方法。

（七）原油储存

为了保证油田均衡、安全生产，外输站或矿场油库必须有满足一定储存周期的油罐。储油罐的数量和总容量应根据油田产量、工艺要求、输送特点（铁路、公路、管道运输等不同方式）确定。

（八）天然气处理

天然气处理包括脱出天然气中的饱和水、酸性气体以及凝液回收等。通过脱水，使气体在管道输送时不析出液态水，以满足商品天然气对水露点的要求，或用冷凝法等回收凝液。商品天然气对酸性气的含量也有严格规定。天然气中酸性气含量超过规定值时，需要脱除 H_2S、CO_2 等酸性气体。

（九）天然气凝液回收

油田伴生气中含有较多的容易液化的丙烷和比丙烷重的烃类，回收天然气中重烃组分凝析液，可满足商品天然气对烃露点的要求。加工天然气凝液可获得各种轻烃产品（液化石油气、天然汽油），提高油田的经济效益。

（十）烃液储存

烃液储存是将轻烃产品储存在压力储罐中，以调节生产和销售的不平衡。

（十一）采出水处理

采出水处理是将分离后的油田采出水进行除油、除机械杂质、除氧、杀菌等处理，使处理后的水质符合回注油层或国家外排水质标准。

（十二）外输油气计量

外输油气计量是油田产品进行内外交接时经济核算的依据。计量要求有连续性，仪表精度高。外输原油采用高精度的流量仪表连续计量出体积流量，乘以密度，减去含水量，求出质量流量。另外，也有用油罐检尺方法计算外输原油体积，再换算成原油质量流量的。外输油田气的计量，一般通过由节流装置和差压计构成的差压流量计（并附有压力和温度补偿）求出体积流量。

(十三)油气外输(运)

油气外输是原油集输系统的最后一个环节。管道输送是用油泵将原油从外输站直接向外输送,具有输油成本低、密闭连续运行等优点,是最主要的原油外输方法。此外,也有采用装铁路油罐车的运输方法的,还有采用水道运输方法的。边远或零散的小油田也有采用公路的运输方法。油田伴生气首先作为站场燃料用气,剩余气体可通过压缩机增压后通过管道外输,或生产压缩天然气(CNG)和液化天然气(LNG),再通过汽车运输至加气站。低渗透油田伴生气量一般较小,而集气成本又高,通常将伴生气作为自用燃料气,其余气体放空或燃烧。近年来,随着伴生气总量不断增加,为减少环境污染,长庆油田逐渐增大了伴生气处理的投入,多渠道综合利用伴生气。

第三节　典型站场及其主体工艺

油气集输站场是油气集输过程中完成油气井产物收集、处理及输送等不同生产功能的场所。它包括井场和矿场储油库在内以及两者之间所有的有关油气收集、处理、输送方面的站场。

油田油气集输站场的建设规模应根据单井原油日产量、含水率、所辖生产总井数、油田开井率或年生产天数确定。自喷油井宜按330 d计算,机械采用井宜按300 d计算。

油气集输站场及相应管网构成了油气集输系统。集输系统的建设规模是根据油田开发设计的要求确定的,每期工程适应期应与油田调整改造期协调一致,一般为5~10年。按油田开发区规定的逐年产油量、气油比、含水率的变化,以10年中最大产液量、产油量、产气量确定油气集输系统建设规模。对注水开发的油田,集输系统建设规模应考虑一定的含水率,具体需结合本油田含水上升的规律进行确定,使设计的集输系统规模至少能适应一个时期的生产能力要求,不能过大,也不能过小。

一、集输站场类型

油田油气集输系统所包含的站场,以突出其基本集输流程的主要生产功能可划分为采油井场、中间接转站、集中处理站(联合站)、矿场储油库等4种。中间接转站场的种类较多,有为专门计量单井产量而设的计量站,有主要为来液(原油与采出水混合物)加热、加压而设置的接转站,还有为处理高含水原油设置的放水站。各个油田根据其实际需求设置。在油田开发建设的实践中,往往不是单独按照基本的集输流程建站,而以油田实际需要建设站场内容,将多种生产功能组合到一个站场中,如计量接转站、脱水转油站、接转注水站等。站场的名称根据其主要功能确定。

随着油田开发及油气集输技术的发展,集输站场的功能在不断发生变化。以长庆油田为例,初期的马岭油田建过计量站,在后续开发安塞油田时逐渐取消了计量站,建设了计量接转站;在2002年开发西峰油田时,由于单井功图计量方法的使用,又取消了计量接转站,改为接转站;在姬塬、华庆油田开发时,又逐步取消了接转站,改为增压点(含增压集成装置)。每次改进都更进一步降低了开发成本、管理成本。

延长油田部分区块由于初期未建单井集油系统,因此其集输站场与长庆油田有所不同。在井场设置储油箱,将产液通过汽车拉运至集中处理站处理后外输(运)。延长油田集中处理站初期称为选油站,后期与长庆油田一致称为联合站。

二、典型集输站场

鄂尔多斯盆地内各油田集输站场种类较多,而因应用广泛而较为典型的集输站场有采油井场、计量站、接转站和联合站,增压点(含增压集成装置等)则是具有低渗透油田特色的典型。

(一)采油井场

采油井场是油气集输的起始点,是最基础的油田生产场所。按钻井方式有单井井场和丛式井井场两种;按采油方式有自喷井场、机械采油井场、气举采油井场、蒸汽吞吐采油井场等。鄂尔多斯盆地采油井场多为机械采油的丛式井井场,少数采油井在初期为自喷井,但开采时间不长均转为机械采油井。

采油井场由井口装置和地面工艺设施组成。其生产流程要根据采油方式、油层能量大小、产液量大小、产出物物性、自然环境条件确定,其主要功能为控制和调节油井产量及完成油井产出物的正常集输。

采油井场的工艺流程应满足采出液温度、压力等工作参数的测量、井口取样、油井清蜡及加药、井下作业与测试、关井及出油管道吹扫等操作要求。图3-3为采用丛式井单管不加热集油流程时的采油井场原理工艺流程图。

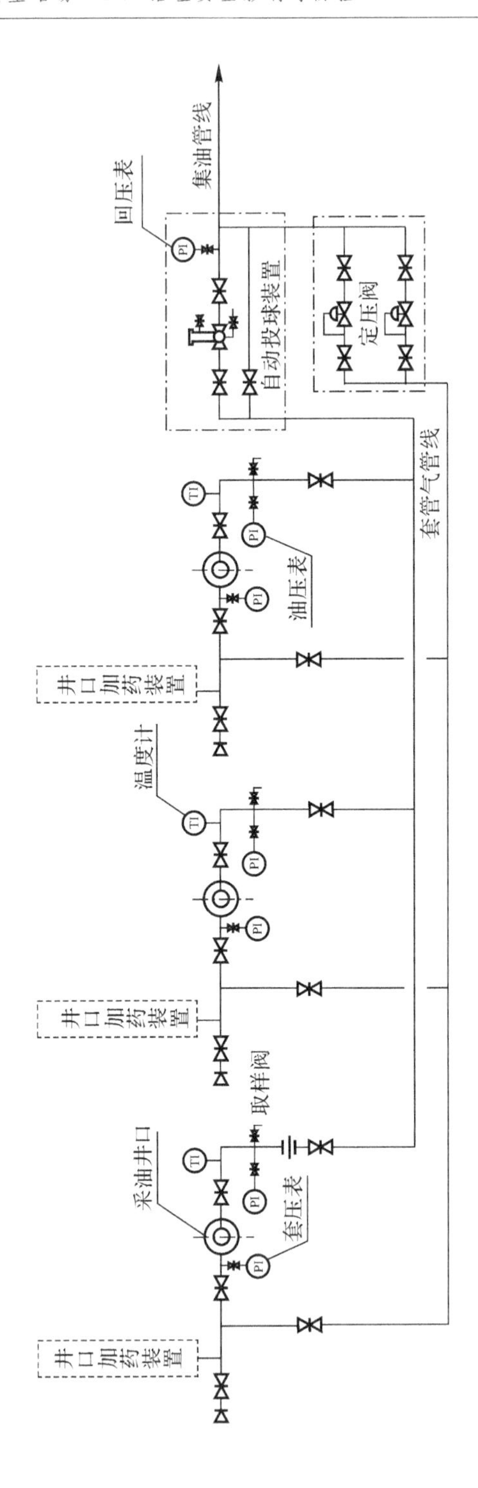

图 3-3 丛式井采油井场原理工艺流程图

丛式井井场所有油井的出油管道串接在一根集油管道上，油井采出物通过自动投球装置后至相应集输站场。自动投球装置定时投放清蜡球，在油井采出物的推动下清除集油管道内壁的结蜡；所有油井的套管气汇集于一起，通过定压阀控制进入集油管道，完成套管气的回收利用。

采油井场是油田开采原油的基本站场。采油井场建设规模与井场布井方式、油井产量、采油及集油方式、自然环境等因素有关。建成的井场除了能满足正常集输生产的需要外，还应能满足油井修井作业、环境安全等要求。布置1口采油井的单井井场，井深小于或等于3 000 m的井，其建设面积不应大于1 200 m^2，井深大于3 000 m的井其建设面积不应大于1 600 m^2。采油井场布置2口及以上的井数时就为丛式井井场。近几年来长庆油田几乎全部采用了丛式井钻井技术进行油田开发，每个井场平均8.5口井，采油井场建设面积平均为2 300 m^2。虽然单个井场建设面积增大，但相比单井开发综合用地减少。

当采油井距下游站场较远或井站高差较大造成集油困难，采用井场拉油或井场增压时，采油井场需考虑拉油或增压设施有足够的建设场地，且应满足安全防火及采油井日常生产管理作业等要求。

采油井场出油管道管径，需根据油田开发设计提供的油井产量、气油比、原油含水率以及集油方式、进站温度和压力确定。

（二）计量站

计量站承担的主要任务是对所辖每口油井的气、液日产量进行周期性的轮换计量。计量站采用的计量方式主要有两种：一种为应用比较普遍的气、液两相计量，一种为油、气、水三相计量。采用两相计量时，日产油量和日产液量不能直接计量得出，而是需要对所计量油井的产出液进行含水化验，根据含水率计算求出；采用三相计量时，可直接计量出油、气、水的日产量。

计量站的工艺流程与集油方式、油井生产状态、管辖油井的数量、计量方式有关。如油田的集油方式为掺热水集油时，在计量站还要考虑供掺热水的分配阀组，以便于向所管辖的油井分配和输送热水。

随着油井示功图法计量技术在长庆油田的成熟应用，将传统的油井集中计量方式变革为油井分散计量方式，即油井产量计量直接在每口油井上进行，因而单纯的计量站在鄂尔多斯盆地内油田已不存在。图3-4为长庆油田采用双容积自动量油分离器计量技术的计量站原理工艺流程图。

通过切换计量站选井总机关的相应阀门，周期性地轮流计量所辖每口油井的产液量。单井计量时，油井产出物先通过套管换热器加热，以降低原油黏度、加快气体逸出速度，使采出物在双容积自动量油分离器中实现较好地气、液分离，分离出的伴生气一般作为本站燃料，分离出的液流进入双容积自动量油分离器的计量室，通过“单井计量自动控制仪”对三通电磁阀、齿轮油泵的工作过程控制，完成油井产液的自动计量。计量后的单井液通过齿轮泵增压汇入计量站其他油井采出物的集油管道中再输至接转站或联合站。计量站还具有加破乳剂和接收井场出油管道所投清蜡球等功能。

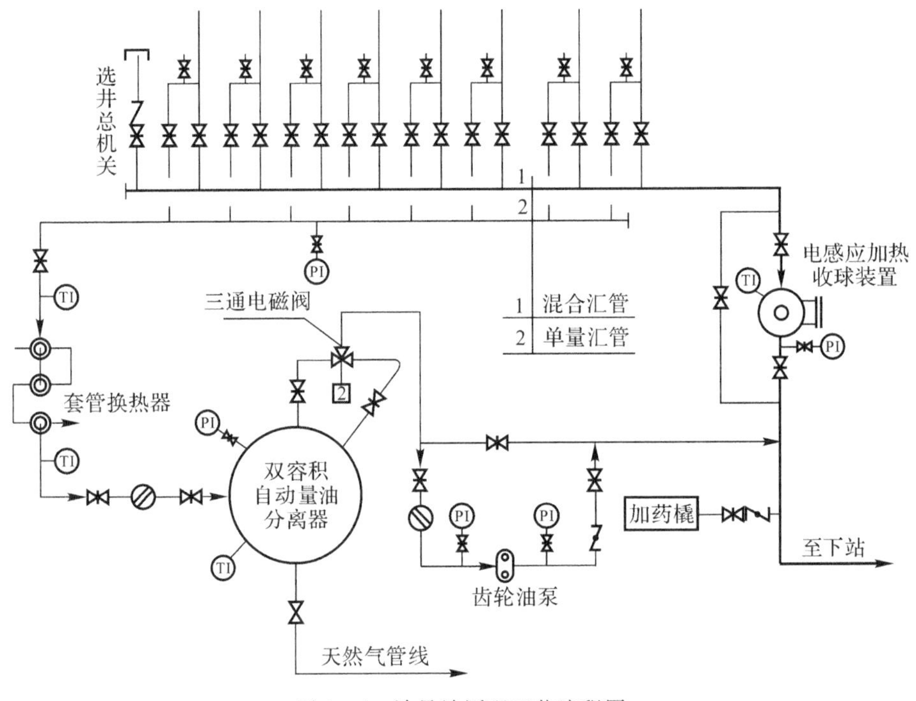

图3-4 计量站原理工艺流程图

计量站的建设规模与其所管辖的采油井井数有关。所管辖的采油井井数与开发井网密度、油井产量计量周期、油井产量大小、集油半径长短等有关。一般情况下，一座计量站通常管辖8～30口油井。

由计量站至接转站或至联合站的混输集油管道的输送能力，应为所辖油井总数最大产液量与最大产气量的总和。实际日常采油管理中，因修井、检泵等作业不可能保证100%油井都开井生产，故出计量站的集油管道一般不再考虑附加裕量。

(三)接转站

当油井采出物依靠回压不能满足设计条件下集油系统的压力降要求时，一般需设置接转站增压输送至联合站，因此，接转站是为油井采出物增压输送的泵站，多采用气液分输。随着气液混输工艺技术的不断成熟，选择气液混输则具有多方面优点，如可以简化接转站工艺流程、减少设备投资、节约占地、降低综合能耗等。

采用气液分输时，汇集于接转站的油井采出物先进行气液分离，液体通过输油泵增压输送至联合站，气体一般靠自压输送至联合站或处理厂。当自压能量不能满足时，需设置压缩机；采用气液混输时，汇集于接转站的油井产出物就减少了气液分离环节，直接通过混输泵外输。

接转站是油气集输系统的骨架站场，功能较多，其工艺流程与油田所采用的集油流程密切相关，如采用井口掺液双管或热水伴热三管集油流程时，接转站除完成液流增压输送外，还承担热水提供功能。

接转站的工艺流程应在保证完成本站所承担的各项工艺任务的前提下，尽可能实现密闭油气集输，降低油气损耗。图 3－5 为长庆油田采用油气分输的接转站原理工艺流程图。

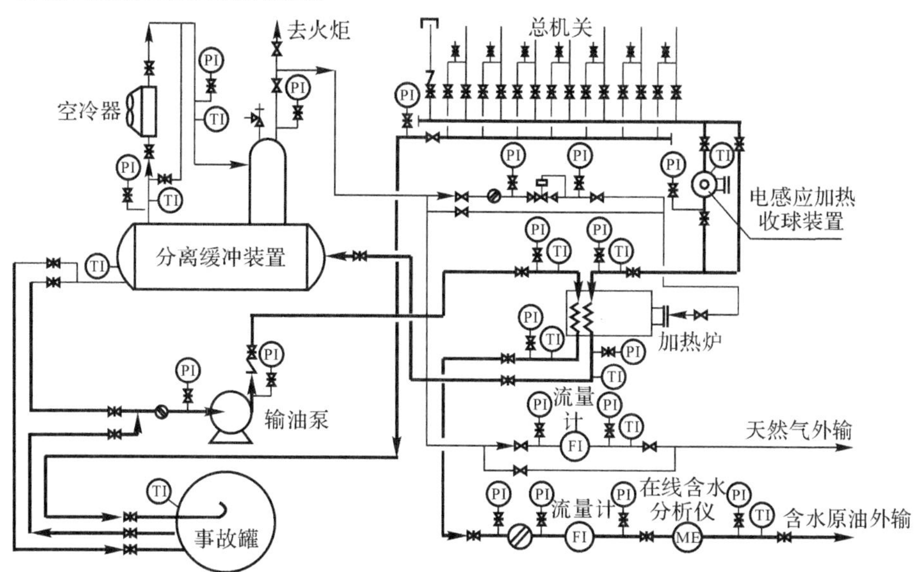

图 3－5　接转站原理工艺流程图

接转站接收就近井场及增压点所汇集的油井采出物,先经电感应加热收球装置后至加热炉升温,然后进入分离缓冲装置进行气液分离及液流缓冲;分离出的天然气经分离缓冲装置上的空冷器、分气包进行冷凝及气液二次分离,冷凝液流返回分离缓冲装置。二次分离出的伴生气作为加热炉燃料,富余部分计量后外输;分离出的液体经输油泵增压、加热炉加热、流量计计量、含水在线分析后输至联合站。

接转站一般不设事故罐。由于鄂尔多斯盆地自然环境及社会环境较为复杂,因此通常设置事故罐,以满足输油管道事故抢修或站场内设备检修时的储液需求。另外,当某一个井场或增压点进接转站的管道需吹扫作业时,通过站内总机关控制,吹扫管道的吹扫物就可进入事故罐,而不会影响其他井场和增压点至接转站的正常生产。

接转站的建设规模与油田开发条件、集油方式、油井产量、所处自然环境等因素有关,应在区域集输总体布局优化的基础上进行确定。接转站一般转输含水原油,因此,其建设规模指的就是转输液量的能力。转输能力应为所辖油井总产液量及上游站场来液量的最大量之和。接转站规模一般为 300~1 000 m^3/d,占地面积多在 2 000 m^2 以下。

(四)联合站

联合站是对油田生产的原油、天然气和采出水进行集中处理的站场。通常将原油进行脱水、稳定等处理后的净化油量称为联合站的规模。其规模比称之为“集中处理站”时要小,且以“区域集中、就地处理、就地利用”为原则进行联合站设置,目的是便于采出水就地利用、缩短集油中转站场至联合站的含水原油输送距离以节约输送能耗。长庆油田联合站规模一般为 3.0×10^5 t/a 和 5.0×10^5 t/a 两种,具体需根据所开发区块的产能规模而确定。

联合站的主要任务是将收集来的油井采出物集中进行综合性处理,从而获得符合产品标准的原油、天然气、稳定轻烃、液化石油气和可回收利用的采出水等。其主要功能包括气液分离、原油处理(包括脱水和稳定)、天然气处理(包括脱水及凝液回收)、原油储存及外输、油田采出水处理与利用,以及供热、给排水、消防、供配电、通信、自动控制等生产辅助功能。

联合站往往是某一油田的核心站场,建设时应考虑以下因素:

(1)满足油田总体规划设计确定的工艺任务,符合有关环境保护与安全卫生等方面的要求。

(2)采用全密闭处理流程,采用可靠、成熟、先进的工艺和自控技术,确保完成所承担的工艺任务，各种产品不但要符合标准要求，而且收率高、效益好。

(3)工艺流程满足基本生产要求的同时，又能较好地适应生产条件变化且要操作方便。

(4)统筹考虑所承担工艺任务之间的相互联系、相互要求和相互制约的关系，综合利用各工艺过程中的能量及资源，减少不必要的工艺环节。

(5)工艺流程确定时，全面考虑各种工艺系统在启动投产、停产检修、事故处理和正常运行时应注意的事项及采取的措施。

总之，联合站工艺系统多，流程较复杂，虽然目前联合站的自动化程度越来越高，但自动化控制技术的先进与否并不代表工艺技术水平的高低，它只是生产过程的一种辅助监控手段，可以提高生产效率、降低事故发生率、减轻工人劳动强度，是生产管理水平的一种体现。要提高联合站工艺技术水平，必须紧密结合油田开发实际，根据油井采出物物性及油田生产特点，从系统运行参数、处理工艺、设备选型等方面进行优化，使确定的生产工艺流程简短、流向合理、生产过程密闭、运行安全高效、能耗低。不同的油田，因其油井采出物物性差别很大，在进行矿场处理时所确定的工艺流程也不尽相同，甚至一个油田的不同生产时期，处理工艺及其生产流程也有一定的差别，因此，在设计时，要根据具体设计条件因地制宜地进行确定。

图 3－6 为长庆油田联合站的典型原理工艺流程图，目前在长庆油田应用比较普遍，其主要特点是流程简短且适应性强。气液分离与原油脱水是联合站最主要的工艺内容，若其工艺技术效果好，就可以为后续如原油稳定、天然气处理、采出水处理等工艺的优化奠定良好条件。国内各油田联合站生产工艺流程的区别主要在于原油脱水工艺环节。目前我国各油田常用的脱水工艺主要为沉降脱水、电脱水、电化学联合脱水三种。在 2003 年前，鄂尔多斯盆地低渗透油田普遍采用简单、经济、实用的热化学沉降脱水工艺，脱水设备一般为溢流沉降罐。近几年，通过对三相分离器设备针对性地改进以及化学破乳技术的提高，三相分离器推广应用，流程得以密闭，联合站相关工艺设备相应减少。但三相分离器运行效果的关键是压力及来液量的平稳，而鄂尔多斯盆地为低渗低产油田，油井不连续供液较为普遍，也常有增压点及接转站间歇输送的现象，加之复杂、多起伏的地形，很容易造成三相分离器内液面波动过大，从而影响运行效果。因此，如图 3－6 所示，突出了原油脱水工艺流程现场工况的适应能力，可单独实现三相分离器或大罐溢流沉降脱水，也可以实现三相分离器与大罐溢流二级沉降脱水；当采用三相分离器脱水时，溢流沉降罐可作为净化油储罐；当采用溢流沉降罐脱水时，三相分离器可作为备用。该工艺流

程相对操作灵活，基本可较长时间适应油田生产条件改变时原油的达标脱水。

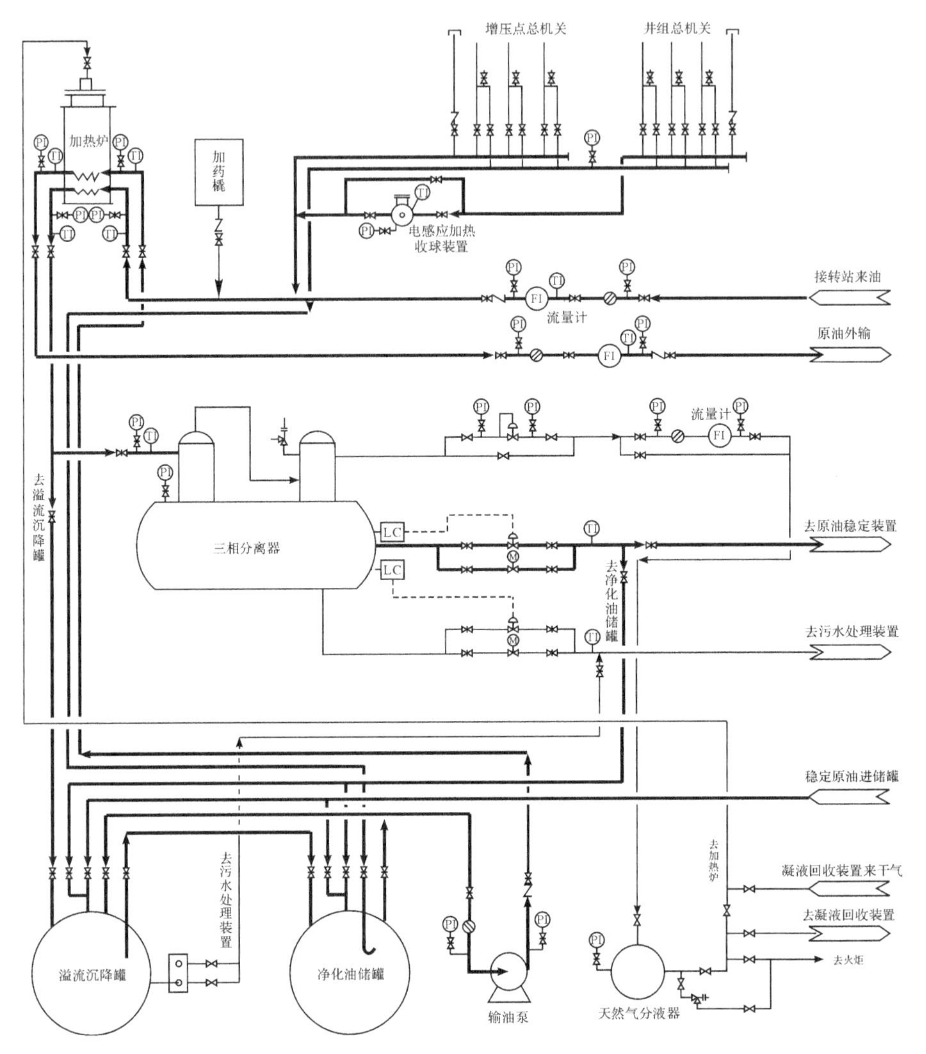

图3-6　联合站原理工艺流程图

井场、增压点及接转站所集的油井产出物在联合站汇合后，进入加热炉升温。正常生产状态下，进入三相分离器完成油、气、水分离，操作温度一般为50～60 ℃；分离出的原油去稳定装置，从原油中脱出轻组分、降低原油蒸气压，使原油在常温、常压下储存时蒸发损耗减少，稳定后的原油进入净化油罐，经加压、加热、计量后外输；分离出的天然气进入气液分离器进行二次分离后，一部分作为加热炉燃料，其余进入凝液回收系统或者外输，加热炉燃料也可利用从凝液回收系统来的干气；分离出的采出水进入采出水处理系统。

当油田生产条件改变影响三相分离器脱水效果时，可选择大罐溢流沉降脱水，或实施三相分离器与大罐溢流沉降二级脱水生产流程，并辅以烃蒸气回收（俗称大罐抽气）工艺，使流程的密闭性得到改善，有效利用油罐烃蒸气，减少大气污染、改善环境、降低站场安全隐患。

延长油田与长庆油田同处鄂尔多斯盆地，但有些做法不同。例如延长油田一些采油厂由于未建立密闭集油系统，联合站不少来油依托汽车拉运，因此在建设联合站时，因地制宜，尽量依托地势高差，在高处建设卸油台，汽车在高处卸油后，原油在重力作用下进入沉降罐脱水，净化原油在重力作用下进入输油泵外输。依托地形高差是延长油田不少联合站的特色，可有效降低站内原油运转成本。

（五）增压点

增压点是长庆油田独有的一种站场类型，主要解决偏远、地势较低以及地形起伏较大等困难条件下的井场集油问题，目的是使这些困难条件下的井场最大限度地实现流程化密闭集油。另外，利用增压点还可以降低井口回压、延长集油距离，进而优化集油系统布站方式、减少接转站等大站布站数量、减少集油系统综合投资。增压点较接转站功能单一、占地少，是一种小型站点，一般依托丛式井井场建设，多采用气液混输，其建设规模一般为 120 m^3/d、240 m^3/d两种。站内主要设备是分离缓冲装置和油气混输泵等。图 3－7 为采用油气混输的增压点原理工艺流程图。

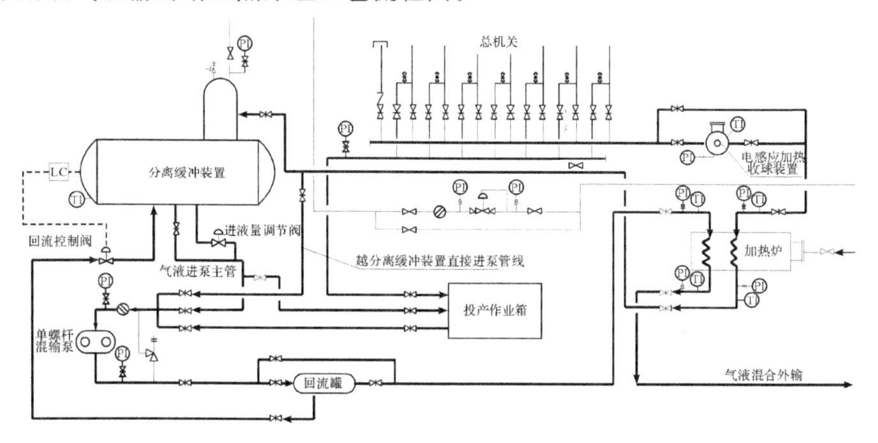

图 3－7　油气混输增压点原理工艺流程图

图3-7中，分离缓冲装置为长庆工程设计有限公司(长庆设计院)研制的专利产品，主要功能为捕集液塞、均衡进出分离缓冲装置的流量、稳定螺杆泵进出口压差。各井组来的油井采出物流经总机关汇集后，经电感应收球装置、进入加热炉升温至15～20 ℃，然后进入分离缓冲装置；正常状态下，分离缓冲装置的气液界面始终处于一种动平衡状态，在缓冲作用下，液流从气液界面附近均匀地进入气液进泵主管，分离出的气体一部分作为加热炉燃料，其余与液流一起通过气液进泵主管被吸入泵腔；当气流过大时，控制系统自动调节进液量调节阀为泵进口补液；当液位降低时，液位检测控制系统自动控制回流阀，回流罐中的液体回流至分离缓冲装置，恢复正常的操作液位，确保进液率满足螺杆泵的正常运行；最后，气液混合物流通过混输泵增压进入加热炉升温输至接转站或联合站。

目前，国内油田的混输工艺都有其自身的适应条件，还未有普遍适用于各油田的较为成熟的混输工艺。除了一些产量大、系统压力平稳、地形条件较好的油田(如新疆吐哈油田、长庆油田的池46井区)采用直接将混输泵安装在集输干线上实施气液混输外，大多数工艺流程中都采取在泵前设置缓冲设备等措施，以调节、控制气液流均匀进泵。图3-8所示主要是针对长庆低渗、低产油田特点所研究采用的一种混输工艺，但泵后回流的控制难度相对较大，混输工艺还需根据生产实践进一步优化。

随着长庆油田的快速发展，大量建设的增压点存在占地大、设备采购种类多、建设速度慢等诸多问题，为解决发展中碰到的问题，长庆工程设计有限公司自主研发了的一种集来油加热、变频混输、缓冲、分离、自动控制等基本功能为一体的撬装增压集成装置。此后增压点内缓冲、加热、增压等主要功能被撬装增压集成装置代替。

图3-8　撬装增压集成装置外观图

该装置主要由装置本体、混输泵、控制系统、阀门管道及撬座等组成，集原油混合物加热、分离、缓冲、增压、自控等功能于一体，减少了中间环节，可实现无人值守，定期巡护，并且减少了征地面积，缩短了工程建设周期，填补了国内油气集输工艺设备集成撬装的技术空白，为油田地面工程进一步优化工艺流程和实现一级半布站模式创造了条件。

第四章　低渗透油田典型站场 VOCs排放源特征

第一节　集输系统典型站场排放源分析

一、油田 VOCs 现状

通过对长庆油田原油开采及集输各工艺流程进行排查，梳理出 VOCs 排放源见表 4－1。

表 4－1　油田地面系统 VOCs 排放源一览表

序号	源项	描述
1	储罐类挥发损失	储罐静止损耗和工作损耗：储油罐、沉降罐、事故油箱、无泄漏污油回收装置等
2	采出水处理过程逸散	沉降除油罐、污水污泥池等
3	动静密封点泄漏	站场法兰、阀门、开口管线等密封点泄漏
4	原油装卸挥发损失	井组拉油、卸油台作业泄漏
5	套管气排放	伴生气（套管气）
6	取样过程排放	取样过程逸散
7	维检修排放	站场开停工及维检修过程中由于泄压和吹扫产生、井场两池
8	事故排放	站内安全阀超压泄放，站场管线事故排放等

通过对输油处和采油厂大型场站开展的抽样检测估算数据可知，储罐排放量占总量 90%以上，污水系统占 8.5%，密封泄漏和其他排放量占比非常

小。油田地面系统VOCs排放源占比示意如图4-1所示。

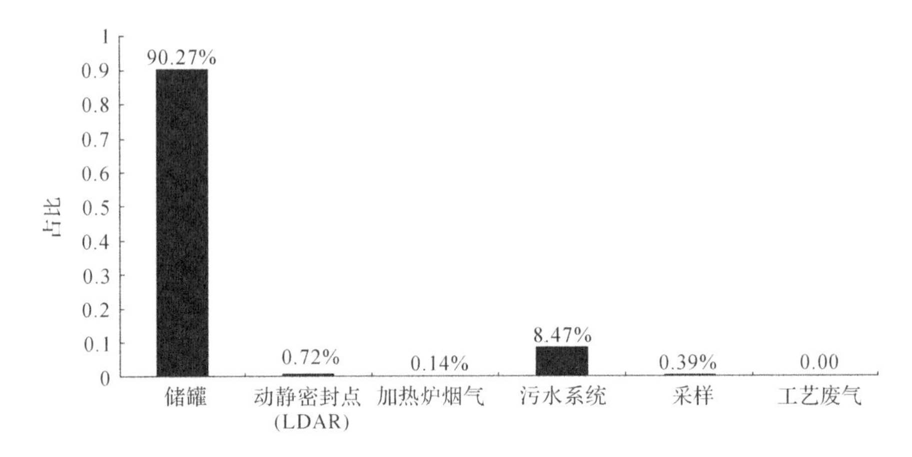

图4-1　油田地面系统VOCs排放源占比示意

(一)油田内VOCs污染来源

根据上述摸排分析可知主要排放源为：

(1)含油储罐类呼吸排放；

(2)站内设施密封泄漏；

(3)装卸车作业；

(4)污水污油池、生化池等。

(二)组成和特点

油田VOCs以C2～C6烷烃物质为主，占比达93%以上，具有排放集中、浓度高、组分复杂的特点。油田地面系统VOCs组分占比示意如图4-2所示。

二、集输系统典型站场排放源分析

目前，油田地面系统从井场到联合站以密闭集输工艺为主。结合规范，按照采出液(含水原油)含水率＞80%，不属于挥发性有机液体，而含水率＞90%，不属于VOCs物料的原则，对地面各种类型站场进行分析治理。油田地面标准化油气密闭输送流程如图4-3所示。

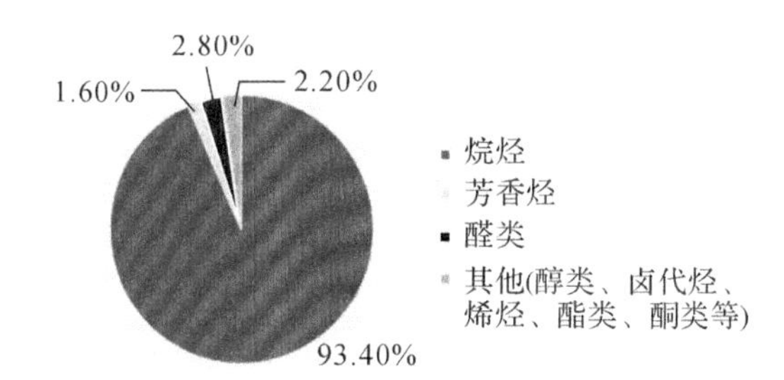

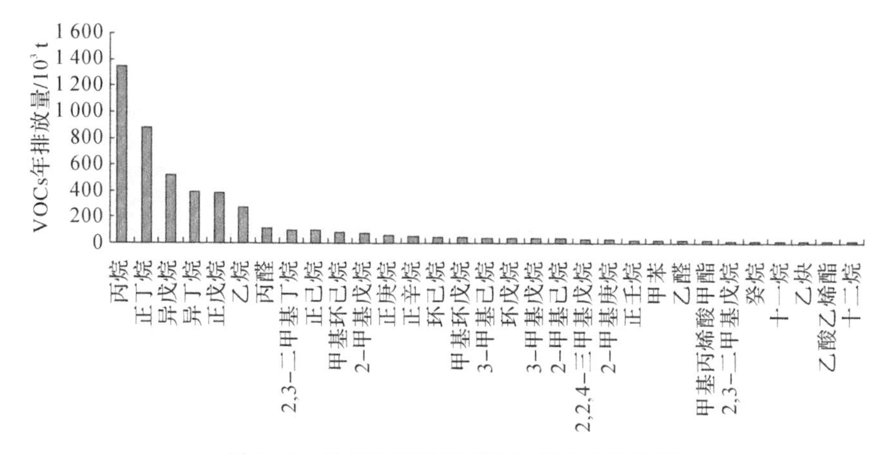

图 4-2　油田地面系统 VOCs 组分占比示意

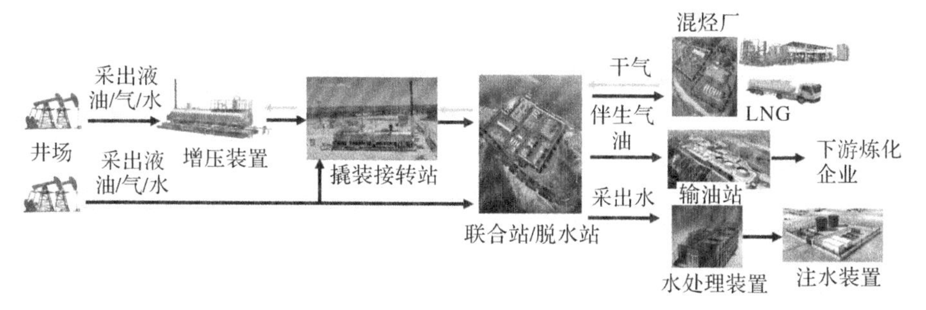

图 4-3　油田地面标准化油气密闭输送流程示意图

(一)联合站/脱水站

1.集输系统

(1)工艺流程:集输系统采用"三相脱水+密闭输油"的工艺流程(见图4-4)。

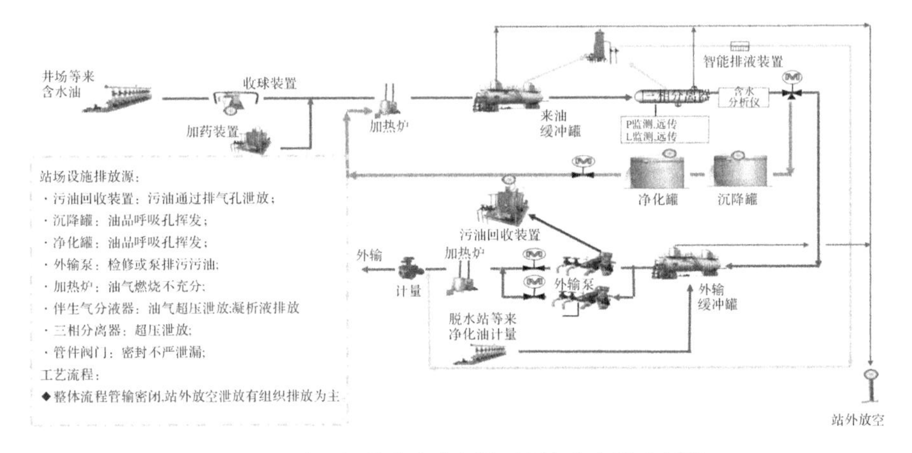

图4-4 "三相脱水+密闭输油"输送流程示意图

(2)排放源分析:站内的主要排放源为原油储罐、伴生气分液器、污油回收装置等储罐挥发气和安全泄放放空等。主要排放源分析见表4-2。

表4-2 "三相脱水+密闭输油"输送工艺主要设备排放情况分析

工艺设备	排放源	排放时间	执行标准要求	现状及是否达标	备注
总机关	吹扫	偶尔	密闭	正常工况密闭	吹扫管输进罐收集
收球装置	手动收球排放	间歇	密闭	正常工况密闭	暂无控制措施
缓冲罐	超压泄放	偶尔	密闭	正常工况密闭	集中管输站外放空
外输泵	设备检修	偶尔	密闭	正常工况密闭	人工检修
污油回收装置	呼吸排放	连续	>100 m^3采取控制措施	满足要求	储罐:容积2 m^3
外输出站	超压泄放	偶尔	密闭	正常工况密闭	管输进罐收集

续表

工艺设备	排放源	排放时间	执行标准要求	现状及是否达标	备注
三相分离器	超压泄放	偶尔	密闭	正常工况密闭	集中站外放空
伴生气分液器	超压泄放/凝析液	偶尔	密闭	不满足密闭要求	集中站外放空/污油箱
加热炉	燃烧不充分排放	间歇	排放浓度≤120 mg/m³	干气燃烧达标	
沉降罐	呼吸排放	连续	>100 m³采取控制措施	正常工况满足	联合站均为 1 000 m³及以上
净化罐	呼吸排放	连续	>100 m³采取控制措施	正常工况满足	联合站均为 1 000 m³及以上 脱水站为 500 m³及以上
阀门管件	密封不严泄漏	连续	重点地区泄漏检测修复	非重点地区，维持现状	建议半年检测一次，不合格更换
取样检修作业	取样、检修	间歇	未明确	敞开作业，无组织排放	参考企业边界排放<4 mg/L，达标
站外放空	事故排放	偶尔	有组织排放要求浓度≤120 mg/m³	站外 15 m 放空不满足规范要求	浓度未测，预估浓度为 10～500 g/L

通过对上述排放源进行分析，可得到以下结论：

1)正常平稳运行下，整个工艺采用密闭集输，站内基本不存在排放源。

2)非正常工况运行时，站内的排放源主要来自装置和设备的超压泄放，主要排放源位于站外放散管。

3)事故工况时，站内的排放源主要来自事故油罐的呼吸口排放和设备的超压泄放，属于偶然大量泄放，主要泄放源位于事故油箱和站外放散管。

4)站内检修、吹扫作业时，排放源主要来自设备的本身泄压操作、油罐的呼吸口和站外放空管泄放，属于短时间大量泄放。

5)站内取样时,为偶然微量泄放,主要位于总机关、外输泵进出等取样口。

6)站内伴生气分液器凝液进入污油回收装置,未直接进入密闭压力容器。

结论:正常工况下,站内集输部分密闭管输满足规范要求,但需要对伴生气凝液进行密闭回收和储罐进行治理。

2.井场—增压装置—接转站密闭工艺

目前,井场采用套气定压回收装置实现密闭集输。增压装置和接转站随着无人值守和伴生气综合利用的开展,实现密闭输送工艺。

(1)工艺流程。工艺流程图如图4-5~图4-7所示。

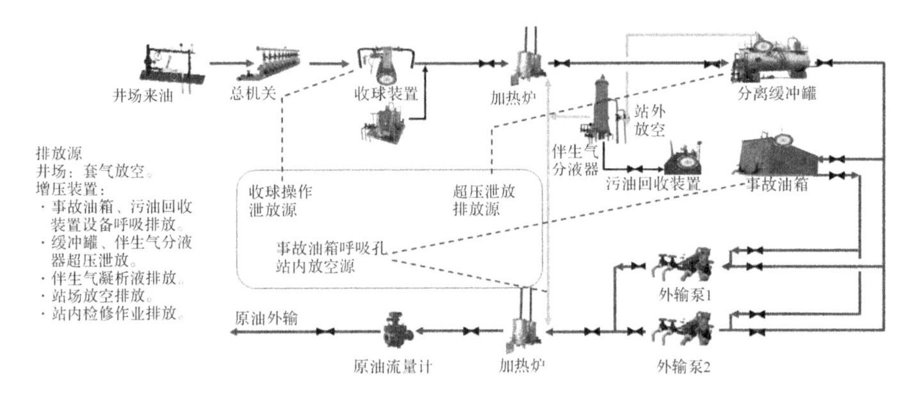

图4-5 常规增压点工艺流程图

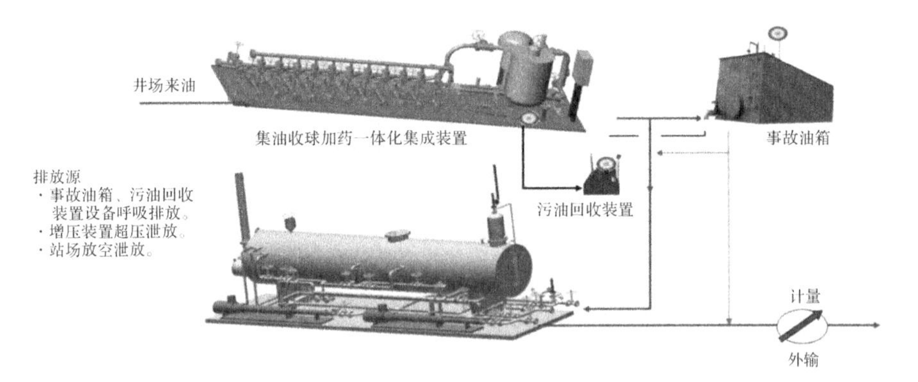

图4-6 撬装增压点工艺流程图

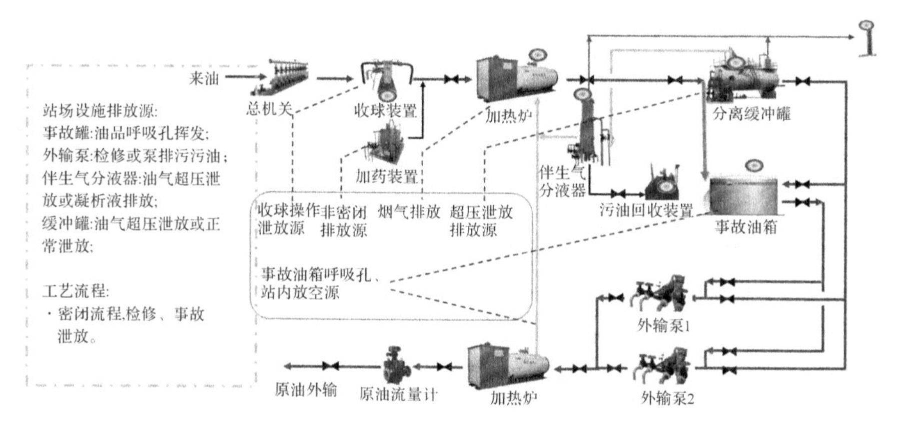

图 4-7　接转站工艺流程图

(2)排放源分析。排放情况分析见表 4-3。

表 4-3　主要设备排放情况分析

工艺设备	排放源	排放时间	执行标准要求	现状及是否达标	备注
总机关	吹扫	偶尔	密闭	正常工况密闭	吹扫管输进罐收集
收球装置	手动收球排放	间歇	密闭	正常工况密闭	暂无控制措施
缓冲罐	超压泄放	偶尔	密闭	正常工况密闭	集中管输站外放空
外输泵	设备检修	偶尔	密闭	正常工况密闭	人工检修
污油回收装置	呼吸排放	连续	>100 m^3 采取控制措施	满足要求	容积 2 m^3
事故油箱	呼吸排放	连续	>100 m^3 采取控制措施	容积 30 m^3，满足要求	正常工况为空，不储存
伴生气分液器	超压泄放/凝析液	偶尔	密闭	不满足密闭要求	集中站外放空/污油箱
加热炉	燃烧不充分排放	间歇	排放浓度 ≤120 mg/m^3	干气燃烧达标	

续表

工艺设备	排放源	排放时间	执行标准要求	现状及是否达标	备注
事故罐	呼吸排放	连续	>100 m^3采取控制措施	正常工况满足	一般站场储罐100～500 m^3
阀门管件	密封不严泄漏	连续	重点地区泄漏检测修复	非重点地区，维持现状	建议半年检测一次，不合格更换
取样检修作业	取样、检修	间歇	未明确	敞开作业，无组织排放	参考企业边界排放 <4 mg/L，达标
站外放空	事故排放	偶尔	有组织排放要求浓度 ≤120 mg/m^3	站外15 m放空不满足规范要求	浓度未测，预估浓度为10～500 g/L

通过对上述泄漏源进行分析，可得出以下结论：

1)正常平稳运行下，整个工艺采用密闭集输，站内基本不存在排放源。

2)非正常工况运行时，站内的排放源主要来自装置和设备的超压泄放，属于偶然少量泄放，主要泄放源位于站外放散管。

3)事故工况时，站内的排放源主要来自事故油箱的呼吸口排放和设备的超压泄放，属于偶然大量泄放，主要泄放源位于事故油箱和站外放散管。

4)站内检修、吹扫作业时，排放源主要来自设备的本身泄压操作、事故油箱的呼吸口和站外放空管泄放，属于偶然较大量泄放。

5)站内取样时，为偶然较小量泄放，主要位于总机关等取样口。

6)站内伴生气分液器凝液进入污油回收装置，未直接进入密闭压力容器。

结论：正常工况下，站内集输部分密闭管输满足规范要求，但需要对伴生气凝液进行密闭回收，同时完善密闭集输系统。

3.拉油点和卸油台

(1)工艺流程。由于地处偏远且液量较少，拉油点和卸油台目前正常运行为开式流程。正常生产运行和检修期间均存在泄漏源，但量相对较少。排放特点：间歇排放，瞬时浓度较高。拉油点及卸油台工艺流程如图4-8所示。

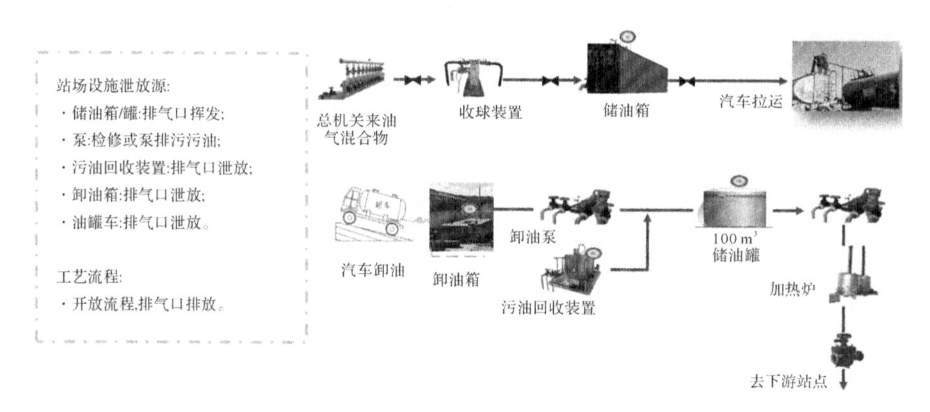

图4-8　拉油点及卸油台工艺流程图

(2)泄放源分析。主要排放源见表4-4。

表4-4　增压站主要设备排放情况分析

工艺设备	排放源	排放时间	执行标准要求	现状及是否达标	备注
总机关	吹扫	偶尔	密闭	正常工况密闭	吹扫管输进储油箱收集
收球装置	手动收球排放	间歇	密闭	正常工况密闭	暂无控制措施
伴生气分液器	超压泄放	偶尔	密闭	正常工况密闭	集中站外放空
储油箱	呼吸排放	连续	>100 m^3采取控制措施	容积40 m^3,满足要求	增加呼吸阀
卸油箱	呼吸排放	连续	>100 m^3采取控制措施	容积30 m^3,满足要求	增加呼吸阀
转油泵	设备检修	偶尔	密闭	正常工况密闭	人工检修
加热炉	燃烧不充分排放	间歇	排放浓度≤120 mg/m^3	干气燃烧达标	
卸油台储罐	呼吸排放	连续	>100 m^3采取控制措施	不完全满足规范	2021年前标准化设计为100 m^3满足要求;已建仍有6座站点卸油台罐容大于100 m^3

续表

工艺设备	排放源	排放时间	执行标准要求	现状及是否达标	备注
阀门管件	密封不严泄漏	连续	重点地区泄漏检测修复	非重点地区，维持现状	建议半年检测一次，不合格更换
检修作业	取样、检修	间歇	未明确	敞开作业，无组织排放	参考企业边界排放 <4 mg/L，达标
站外放空	事故排放	偶尔	有组织排放要求浓度 ≤120 mg/m^3	站外15 m放空不满足规范要求	浓度未测，预估浓度为0.5～20 g/L
拉运作业	罐车装车喷溅及排气口	连续	浸没式装车或底部装车	不达标	

4. 输油站

(1)工艺流程。上游站点来油经原油稳定后，进入站内储罐，通过增压计量后输往下游站点，最终进入各大炼厂，如图4-9所示。

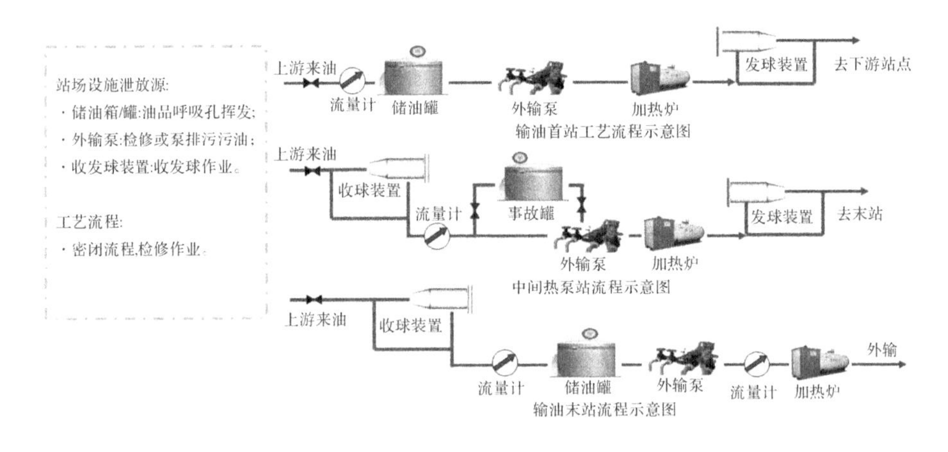

图4-9 输油站工艺流程图

(2)泄放源分析。主要排放源见表4-5。

表 4－5　输油站主要设备排放情况分析

工艺设备	排放源	排放时间	执行标准要求	现状及是否达标	备注
收发球装置	手动收球排放	间歇	密闭	正常工艺密闭	暂无控制措施
外输泵	设备检修	偶尔	密闭	正常工艺密闭	人工检修
污油回收装置	呼吸排放	连续	＞100 m^3 采取控制措施	满足要求	
外输出站	超压泄放	偶尔	密闭	正常工艺密闭	管输进罐收集
加热炉	燃烧不充分排放	间歇	排放浓度≤120 mg/m^3	干气燃烧达标	
事故罐	呼吸排放	连续	＞500 m^3 采取控制措施	正常工艺满足规范	中间热泵站正常工况为空罐，不储存
净化罐	呼吸排放	连续	＞500 m^3 采取控制措施	不满足规范	输油首末站
阀门管件	密封不严泄漏	连续	重点地区泄漏检测修复	非重点地区，维持现状	建议半年检测一次，不合格更换
取样检修作业	取样、检修	间歇	未明确	敞开作业，无组织排放	参考企业边界排放＜4 mg/L，达标

结论：正常工况下，输油首末站 500 m^3 以上储罐需采取治理措施。中间热泵站密闭管输满足规范要求。结合现场，本次对 1 000 m^3 以上储罐进行治理，根据规范要求和周边石化企业治理经验，采用浮顶罐改造。

第二节　水处理 VOCs 排放源特征

一、采出水处理主体工艺

长庆油田在发展的不同时期，为了适应各阶段长庆油田的建设形势，长庆油田的采出水处理工艺也经历了一系列演变和发展。

2008 年前多采用“两级除油＋两级过滤”，2009—2010 年多采用“两级除油＋一级过滤”，2011—2015 年为适应标准化设计、模块化建设要求，长庆油田以简化工艺流程、提高处理效率、降低工程投资、提高回注率为目标，对油田采出水处理工艺按照设计标准化、工艺集成化的原则进行了较大规模的工艺简化优化，并对辅助流程按照“模块施工、减少占地、方便管理”的原则进行了设备集成研究，形成了“一级沉降除油”的采出水处理工艺。2016年以来，为适应国家针对油气勘探开发行业愈加严格的安全环保生产要求，依托陇东采出水处理环评符合性治理工程、延安油区环评符合性治理工程等项目，研究、试验、应用了“沉降除油＋气浮除油＋过滤”“沉降除油＋生化除油＋过滤”等工艺，最终优化定型为目前长庆油田低渗透采出水处理主体工艺。

（一）处理方法分类

油田采出水的处理方法分为物理法、化学法、物理化学法、生物化学法。

1.物理法

物理法处理的对象为采出水中的矿物质、大部分固体悬浮物和油类等，主要包括重力分离、旋流分离、粗粒化、过滤等方法。

(1)重力分离。采出水的重力沉降法即自然除油法。它是根据油、悬浮固体和水的密度不同，利用油、悬浮固体和水的密度差在重力作用下使油上浮到水层表面收集，大颗粒悬浮物下沉至底部，从而达到油水分离并回收油的目的。油水分离效果与停留时间密切相关。由于受分离设备容积的制约，因此并不是任何大小的油滴均可分离，乳化的油滴不可能被分离。此种方法只能去除水中油滴粒径大于254 μm的油分。

重力除油的基本原理是，假定在理想状态（各水层断面上流速一致）下，且油珠颗粒上浮时的水平分速度等于水流速度，油珠颗粒在重力作用下以等速上浮，与水层分离，而油珠颗粒一上浮到水面则立即被去除（无堆积）。浮升速度可用斯托克斯公式计算。

自然除油的设备主要是立式的除油罐，包括中心筒、配水管、集水管、溢流管等内部配件。石油采出水经进管道运输流入罐内的中心筒，通过配水管进入沉降区进行自然沉降。采出水中直径较大的油颗粒（主要是悬浮油）由于与水有密度差，在重力的作用下首先上浮至水层之上，形成油层。而直径较小的油颗粒（主要是乳化油）则随水向下方流动，在相互碰撞后，会形成直径较大的油颗粒而上浮。直径更小的油颗粒（主要是溶解油）则没有上浮的能力，它们会随着水流一起进入集水管内流出立式除油罐。

在立式除油罐内有三种油水运动的过程，包括重力推动浮升过程、油水对流碰撞聚结过程及油层的相溶吸附过程。这三大运动过程决定了立式除油罐具有很高的悬浮油去除率。

重力除油主要去除游离态和机械分散态油，包括自然除油、斜板除油、浮板除油、机械分离技术。该技术对废水中的浮油、分散油和一定程度的乳化油有很高的去除能力，且处理效果稳定、运行费用低、管理方便；缺点是占地面积大，对乳化油的处理效果不好，污水停留时间长。由于油田含聚污水油水乳化严重，因此该技术很少单独使用。

(2)旋流分离。采出水在一定压力下通过渐缩管段使水流高速旋转，在离心力作用下，利用油水的密度差进行油水分离。

旋流分离主要依托水力作用或容器高速旋转，形成离心力场。因颗粒和污水的质量不同，受到的离心力也不同。相对密度大的水受到较大的离心作用被甩到外侧；相对密度小的油珠则留在内侧并聚结成大的油珠而上浮，达到分离的目的。常用的设备是水力旋流器，能去除粒径在 15 μm 以上的油珠。水力旋流有固定式和旋转式两种，目前油田使用的是固定式。

旋流分离效果主要受油分散相粒径、液体温度和待分离油水液相密度差三者的影响。当采出水密度差小于 0.05 g/cm^3、含砂量较大时，均不宜采用旋流分离。

(3)粗粒化。粗粒化法，又称聚结，是分离油田采出水中分散油的物理化学方法。在粗粒化材料的作用下，油田采出水中细微油粒聚结成为粗大的油粒，在重力作用下迅速得到油水分离。

聚结除油是聚结及相应的分离过程的总称。经过聚结处理后的废水，其含油量及污油性质并不发生改变，只是更容易用重力分离法将油去除。

粗粒化材料按外形分为粒状和纤维状两种，前者可以重复使用，后者适合一次性使用。国内的粗粒化装置主要采用 3～5 mm 的粒状材料。按材质分为天然与人造两种：天然材料有无烟煤、蛇纹石、石英砂等，人造材料有聚酯、聚丙烯、聚乙烯、聚氯乙烯等。某些经加工后的板材能使油珠粗粒化，这种板称聚结板。常用的聚结板材料有聚氯乙烯、聚丙烯塑料、玻璃钢、碳钢和不锈钢等。影响粗粒化的因素主要是粗粒化材料性质和采出水水质。

(4)过滤。采出水流经颗粒介质或多孔介质进行固液（或液液）分离的过程称作过滤。过滤工艺的主要目的是去除采出水中的悬浮固体、分散油、乳化油。

近年来，纤维材料得到了快速的发展，以纤维作为滤料的主要材料的高密度纤维球/纤维束过滤器，在污水过滤时滤料可以形成上大下小的空隙分布，同时又具备了较好的反冲洗效果，具有滤料不需补充的优点。过滤在去除悬浮物方面较为高效，兼而去除部分COD和BOD。过滤法除油对水质要求比较严格，适合作为除油工艺的末端处理技术。

根据过滤材料的不同，过滤分为颗粒材料过滤和多孔材料过滤两大类。目前油田使用的主要是颗粒材料过滤器。

2.化学法

化学法主要是利用添加水处理药剂来去除采出水中乳化油等部分胶体和溶解性物质，主要包括混凝沉淀、化学氧化和中和法。

(1)混凝沉淀。关于“混凝”一词的概念，目前尚无统一规范化的定义。一般认为水中胶体“脱稳”——胶体失去稳定性的过程称“凝聚”，脱稳胶体相互聚集称“絮凝”，“混凝”是凝聚和絮凝的总称。

通过向采出水中投加混凝剂，细小悬浮颗粒和胶体微粒聚集成较粗大的颗粒而沉淀，得以与水相分离，使采出水得到净化。

影响混凝效果的因素很多，但以混凝剂、原水水质两个因素最为明显。混凝沉淀是去除采出水中细小的悬浮物和胶体的一种主要方法。

混凝可以在不改变现有工艺的基础上通过添加絮凝剂加速油水分离，按照化学成分与组成，絮凝剂可分为无机、有机、复合、微生物絮凝剂4大类。目前用常规絮凝剂处理含聚污水存在的主要问题是药剂用量太大，一般污水中含有400～500 mg/L聚合物，则大约需要投加相同浓度的絮凝剂。

(2)氧化还原。利用溶解于采出水中的有毒有害物质在氧化还原反应中能被氧化或还原的性质，把它转化为无毒无害的新物质，这种方法称为氧化还原。

在任何氧化还原反应中，若有得到电子的物质，就必然有失去电子的物质，因而氧化还原必定同时发生。得到电子的物质称氧化剂，失去电子的物质称还原剂。

油田采出水由于性质复杂，单独采用氧化还原运行成本高，故多作为生化处理的补充措施。

(3)水质改性。水质改性技术是通过离子调整的方法去除水中的CO_2和HCO_3^-，使水质由弱酸性调整为碱性，并通过加入其他药剂来屏蔽金属离子，改变污水水质，能有效地抑制腐蚀和结垢，使得污水的油含量、总铁含量、SRB(硫酸盐还原菌)含量等主要技术指标达到回注标准并且能够用于采油污水配制聚合物溶液后注入地层，是一种较新的水质处理技术。

3. 物理化学法

油田采出水物化处理法通常包括气浮和吸附两种。

(1)气浮。气浮除油通常是在石油采出水中通入压缩空气使水中产生细小气泡，再加入特定的优选浮选药剂及混凝药剂，使石油采出水中的乳化油(颗粒直径为0.25～25 μm)、悬浮油以及悬浮物(SS)黏附在细小气泡上，并随气泡一起上浮到水面上通过刮渣去除，从而达到石油采出水除油、除悬浮物的目的，为下一步工艺创造有利的条件，是采出水处理工艺的关键一环。

气浮方法按气源方式可分为电解气浮法、散气气浮法、溶气气浮法。油田用得较多的是溶气气浮。

气浮方法按微小气泡产生的方式可分为充气式气浮、溶气式气浮。

充气式气浮一般是直接利用空气压缩机在气浮池内通过微小孔隙通入压缩空气，形成的微小气泡直径大约为1 000 μm，去除悬浮物的效果还可以，但乳化油较难去除，因此较少应用于含聚采出水处理工艺的气浮模块中。

溶气式气浮一般是通过溶气泵使气体(一般为空气)在溶气罐内较高的压力下溶于含油污水中呈饱和状态，然后在气浮池内污水压力骤然降低，气体便会以微小气泡的形式从水中析出并吸附油颗粒和悬浮物上浮。溶气式气浮所形成的微小气泡直径一般只有30 μm左右，并且可以通过溶气泵控制流速，通过溶气罐控制溶气量，从而控制微小气泡的大小和微小气泡与污水接触的时间(即停留时间)，因此去除悬浮物和乳化油的效果较好。

溶气式气浮的所用设备主要有溶气泵、溶气罐、压力表、减压阀和尺寸适当的气浮池。溶气泵有两个作用：一方面提升污水使污水可以进入气浮池内；另一方面是对水和气的混合物加压，使气体得以顺利在溶气罐以饱和状态溶入污水中，水和气的混合物在溶气罐内的停留时间通常为2 min左右。通过减压阀和压力表来维持溶气罐出口的压力一定，使得气泡在出溶气罐后的直径和数量保持在较好的状态。气浮池一般采用平流式，使得微小气泡稳定释放并且表层的悬浮物稳定不易破坏，从而通过刮渣去除。

(2)吸附。利用吸附剂的多孔、比表面积大且表面疏水亲油的特性，降低采出水的表面能，使采出水中一种或多种物质被吸附在吸附剂表面或孔隙内，达到净化水质的目的。具有吸附能力的多孔性固体物质称为吸附剂，而采出水中被吸附的物质称为吸附质。根据吸附剂表面的吸附能力可将吸附作用分为物理吸附、化学吸附和离子交换吸附。

影响吸附效果的主要因素有吸附剂的性质、吸附质的性质、吸附操作条件。

吸附剂分为粉末状和颗粒状两种类型。常用的吸附材料是活性炭，由于其吸附容量有限，且成本高，再生困难，使用受到一定的限制，故粉末状吸附剂主要用于事故应急，颗粒状吸附剂主要用于采出水的深度处理。

4. 生物化学法

油田采出水有机物主要是石油类和开采过程中投加的各种有机化学药剂（破乳剂、表活剂、降阻剂、缓蚀剂、阻垢剂、杀菌剂、浮选剂等），上述药剂都可表现为COD，因此，有的采出水原水中COD浓度高达2 000 mg/L左右。这些有机物以悬浮状、胶体状和溶解状形态存在于采出水中的，属难降解的有机物。

生化法就是通过微生物的代谢活动，将采出水中复杂的有机物分解为简单物质，将有毒物质转化为无毒物质，达到净化水质的目的。

生化处理研究是国内研究的热点，主要包括微生物絮凝和技术、生物流化床、SBR（序列间歇式活性污泥法）技术和A/O（缺氧-好氧处理工艺）技术。对于可生化性较好的采出水，采用SBR技术对COD有较好的处理效果。但是大多数采油废水可生化性差，主要原因在于废水本身含有许多生物难降解物质，而且废水中的多环芳烃类物质以及生产过程中使用的化学添加剂等可能具有生物抑制作用。目前多采用厌氧-水解酸化处理技术来改善废水的可生化性。虽然生物处理技术已经获得了一些成功应用，但由于采油废水高温、高矿化度、高含油以及化学破乳剂的生物抑制性等特点，菌种所受冲击能力太强，同时也难以管理，致使这一处理技术难于推广。

采出水的微生物除油技术，是指采用优选驯化的细菌使采出水中的有机物大分子变成小分子或将其去除，降低有机物对采出水处理工艺的不良影响，甚至还可回收小部分的原油。其中部分细菌对原油和有机污染物还具有一定的降解作用，进一步降低采出水的油含量和COD，再通过后续工艺从而使采出水达到回注的标准。

一般微生物法除油工艺在污水处理厂都是在整个工艺模块的末端，因为微生物的抗冲击能力较弱，驯化时间长，所以需要严格控制其进水指标，才能使系统稳定高效地运行。

微生物一般具有分布范围广、繁殖速度快、可驯化、适应性强等优点，特别是在含聚采出水处理工艺中逐渐受到重视。

国内油田主要采用的生化处理方法：生物接触法、稳定塘法。

(1)生物接触法。由浸没在采出水中的填料和曝气系统构成的处理方法。在有氧条件下,采出水与填料表面的生物膜广泛接触,使采出水得到净化。它是一种介于活性污泥法与生物滤池两者之间的生物处理技术。

(2)稳定塘法。稳定塘是经过人工适当修整、设围堤和防渗层的污水池塘,习称氧化塘。稳定塘法主要依靠自然生物净化功能使污水得到净化,其净化全过程包括好氧、兼性和厌氧 3 种状态。

影响生化效果的主要因素为盐度、温度、初始 pH 值。生化法主要用于去除难降解的有机废水,实现采出水的达标排放。长庆油田在用的属生物接触法。

(二)工艺流程组成

长庆油田采出水处理工艺流程一般由主流程、辅助流程和水质稳定处理流程三部分组成。

主流程主要包括水质净化工艺流程、水质生化工艺流程。

辅助流程主要包括原油回收流程、自用水回收流程、污泥处理流程。

水质稳定流程主要控制采出水对金属腐蚀、结垢和微生物等的危害,包括系统密闭工艺流程、真空脱氧工艺流程、pH 值调节工艺流程、投加水质处理剂工艺流程。

(三)主体流程分类

根据长庆油田实际,近年来油田采出水处理采用的工艺流程主要有以下 4 种。

1."两级除油+两级过滤"处理工艺

2008 年之前长庆油田采出水采用"两级除油+两级过滤"工艺流程(见图 4-10),两级除油包括一级自然沉降除油串接一级混凝沉降除油,两级过滤为一级核桃壳串接一级纤维球或石英砂过滤设备。这种采出水处理工艺基本满足了油田采出水处理的要求,但其工艺设施多、占地大、流程长、系统能耗高、过滤系统复杂、运行维护不便。随着运行时间的增长,处理工艺流程长,导致水质呈逐渐恶化的趋势(见表 4-6),因此应该尽量缩短处理工艺流程,避免产生二次污染,提高采出水水质。该工艺滤料的抗冲击能力较弱,较易受污染,反冲洗频率较高。

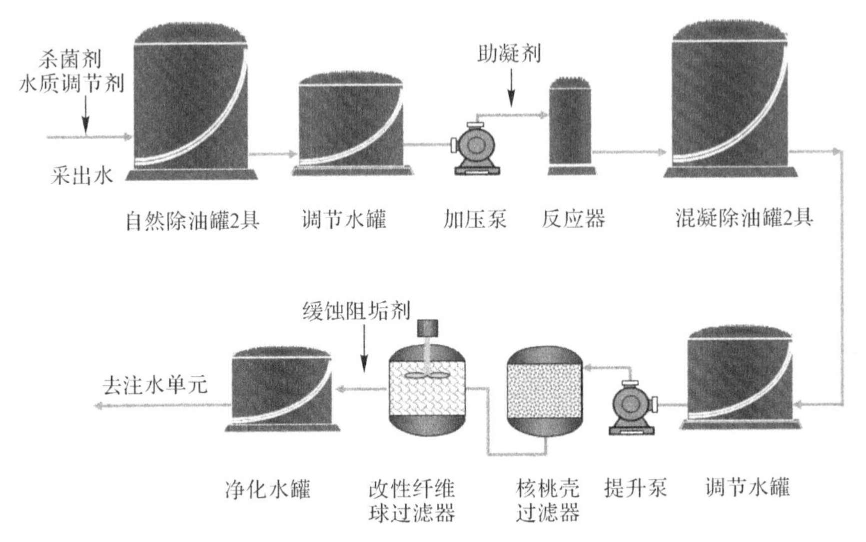

图4-10 “两级除油+两级过滤”采出水处理工艺流程简图

表4-6 “两级除油+两级过滤”相关站点水质分析一览表

序号	站点	处理量/($m^3 \cdot d^{-1}$)	沉降罐或三相分离器出口		除油罐出口		过滤器或净水罐出口	
			含油/($mg \cdot L^{-1}$)	悬浮物/($mg \cdot L^{-1}$)	含油/($mg \cdot L^{-1}$)	悬浮物/($mg \cdot L^{-1}$)	含油/($mg \cdot L^{-1}$)	悬浮物/($mg \cdot L^{-1}$)
1	王窑集中处理站	2 200	126	20.2			20.5	21.5
2	坪桥集中处理站	1 650	110	28.3	80.5	22.7	23.3	18.2
3	王十六转	800	103	23.3	85.7	31.3	45.7	32.9
4	王十八转	520	50	23.7	69.5	15.9	42.5	27.5
5	西一联	1 100	124	98.3	80.1	79.8	15.2	12.2
6	西二联	240	116	89.6	85.9	65.6	12.2	9.6
7	南102转	1 000	149	125.4	128	105	48.5	43.5
8	中集站	700	156	191	124	112	64.7	49.5
9	刘坪站	1 900	112	56.6			21.1	18.8
合计/平均		6 465	118	52.5	63.8	13.9	32.6	26.0

2. “两级除油+一级过滤”处理工艺

2009—2010年，长庆油田采出水处理流程采用“自然沉降除油+一级混凝沉降+一级过滤”，推广应用了29座联合站。工艺流程如图4-11所示，相关站点水质分析见表4-7。

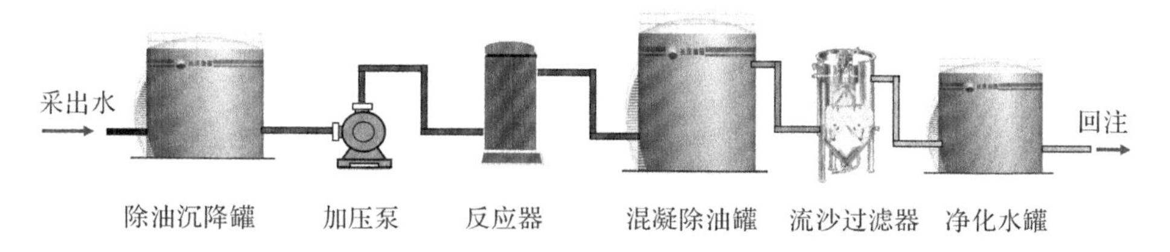

图4-11　“两级除油+一级过滤”采出水处理工艺流程简图

表4-7　“两级除油+一级过滤”相关站点水质分析一览表

采出水处理站名称	设计能力 $m^3 \cdot d^{-1}$	实际处理量 $m^3 \cdot d^{-1}$	取样位置	总铁 $mg \cdot L^{-1}$	含油 $mg \cdot L^{-1}$	悬浮物 $mg \cdot L^{-1}$	含硫 $mg \cdot L^{-1}$	腐生菌 个$\cdot mL^{-1}$
张渠集中处理站	1 600	1 474	三相分离器出口	0.3	43.6	38.2	30	$10^2 \sim 10^3$
			自然沉降罐出口	0.3	33.1	16.2	20	$10 \sim 10^2$
			絮凝除油罐出口	0.3	18.1	8.9	20	$10^2 \sim 10^3$
			净水罐出口	0	20.1	4.8	20	1～10
艾家湾	1 000	760	三相分离器出口	4	139	366	12	$10^3 \sim 10^4$
			自然沉降罐出口	1	86	189	12	$10^2 \sim 10^3$
			絮凝除油罐出口	0.2	39	33	14	$10^2 \sim 10^3$
			流沙过滤器出口	6	6	14	16	$10^2 \sim 10^3$

续表

采出水处理站名称	设计能力 $m^3 \cdot d^{-1}$	实际处理量 $m^3 \cdot d^{-1}$	取样位置 $mg \cdot L^{-1}$	总铁 $mg \cdot L^{-1}$	含油 $mg \cdot L^{-1}$	悬浮物 $mg \cdot L^{-1}$	含硫 $mg \cdot L^{-1}$	腐生菌 个 $\cdot mL^{-1}$
贺一转	480	300	沉降除油罐出口	0.7	16.5	102.5	80	$10^3 \sim 10^4$
			絮凝沉降罐出口	0.7	14.5	62.5	80	$10^3 \sim 10^4$
			净水罐出口	0.5	13.3	35.5	60	$10^2 \sim 10^3$

采出水首先进入除油沉降罐，通过重力自然沉降，可去除大颗粒的悬浮物(直径≥ 20 μm)和100 μm以上的粗粒径浮油、细分散油。设置自然沉降工序能有效减少絮凝剂投加量，减少污泥、浮渣量，提高污油回收率。自然除油罐采用上配下集的方式，底部设排泥装置，上部设收油槽收集浮油。有效沉降停留4～6 h。同时对除油罐内部进行了重新调整设计，将传统的除油罐和调节罐合二为一，兼具调节水量、均合水质的作用。除油沉降罐采用浮动收油方式。

采出水经自然除油罐处理后，水中剩余的悬浮物和油分具有较强的稳定性，很难沉降去除，需投加化学药剂，使其脱稳凝聚、吸附架桥为大颗粒絮凝体，沉淀去除。自然沉降罐出水加压经混凝反应后自下而上进入混凝沉降罐，在罐底部穿过污泥层截流大部分悬浮物，在罐中部上行穿过斜管层悬浮物与水高效分离，水中油在斜管壁聚结上浮；污泥在底部与水分离；斜管沉降表面负荷小易分离；罐内有布水、分离、集水、收油等功能分区；溢流偃收油；罐出水高度出水靠自然水头直接进过滤器，内部附件采用不锈钢耐腐构件。

过滤器采用重力式过滤器，利用逆向过滤原理，通过较厚的滤层来截留水中杂质，滤料为一种特殊的石英砂，滤床稳定，过滤精度高。运行方式为连续过滤，不需停机反冲洗，截污量大，出水水质稳定；过滤水头仅1.5 m，利用水罐高差就可满足过滤要求，不需设置加压泵和泵前调节罐，因此设备动力运行费用较低。

采出水处理工艺主流程突出提高自然沉降除油、混凝沉降效率，降低过滤环节压力，系统一次提升后重力流运行，处理效果稳定，管理方便，能耗低。流程取消了两级调节罐，二级加压简化为一级加压；优化了一级除油沉降罐和混凝除油罐，增加除油罐停留时间，降低表面负荷；两级过滤器简化为一级重力连续过滤。

该工艺采用两段除油，工艺药品投加种类多，加药顺序依次为水质调节剂、混凝剂、助凝剂，在日常生产运行中还需根据药剂性质、工艺要求，严格地分先后加入水中各加药点并调节，增加了运行维护的难度，由于基层单位不具备药剂筛选和评价能力，运行效果不佳，同时正常运行的药剂费用较高，采出水投加药剂成本为 4.29 元/m^3。

3.“一级沉降除油”处理工艺

在采出水回注水质要求较宽松的情况下，站场采出水处理流程进一步缩短简化。2011—2015 年，在原“二级除油＋过滤”工艺基础上，按照“前端扩大，中间缩短，后端减小”的思路，通过扩大前端除油罐容积，增加自然沉降时间、提高除油效果，形成了“一级沉降除油”处理工艺。工艺流程如图 4－12 所示。

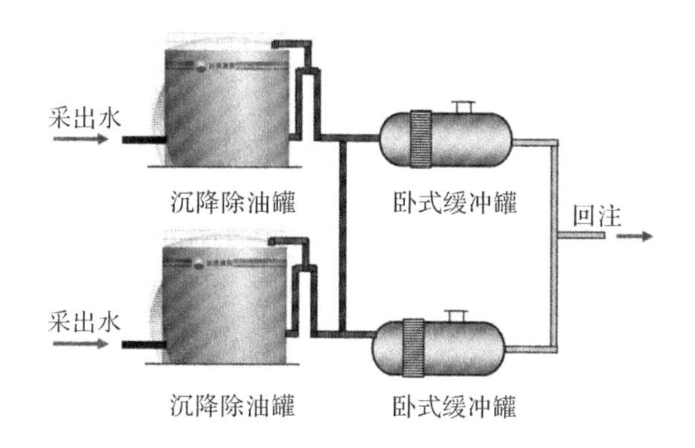

图 4－12　“一级沉降除油”采出水处理工艺流程简图

对于联合站及水量较大的水处理站场，预留过滤处理工艺。一级沉降除油处理过程中只投加杀菌和缓蚀药剂。在原“二级沉降工艺＋过滤”工艺基础上，通过扩大前端除油罐容积，增加沉降时间、提高除油效果，形成了“一级沉降除油”处理工艺。处理系统配套负压排泥系统，采用非金属管材，投加杀菌剂和缓蚀阻垢剂等化学药剂进行防腐防垢。目前该工艺在油田新建产能、油田维护改造、安全环保隐患治理等项目中推广应用。

沉降除油罐沿用之前的设计，主要为重力沉降、浮动收油。除油罐是油田采出水处理中一级除油的关键设备，其运行效果对处理系统工艺的选择、处理效果产生直接影响。除油罐罐底污泥主要成分为从油层中带出来的泥沙、石油类、各种盐类、腐蚀产物、有机物和微生物，具有黏度大、流动性差的特点。污泥量占处理水量的1%～3%，含水率达99%。能否彻底排除罐底污泥关系到除油罐的运行效果，若不能，则会造成污泥在处理系统内堆积，导致出水水质变差。

同时采用卧式玻璃钢缓冲水罐代替了立式净化水罐。安全措施方面：①配置罐顶溢流口、呼吸阀、人孔及罐底排污；②设计高、低液位监测与报警。其示意图如图4-13所示。缓冲水罐后续喂水泵、注水泵未出现压力波动等情况。

系统采用橇装一体化加药装置，加药量随水量变化，实现了定比例加药，为处理效果稳定提供保证，系统一般设3个加药点，杀菌剂加在沉降除油罐进水、缓冲水罐进水；缓蚀阻垢剂加在缓冲水罐进水处。

“一级沉降除油”采出水处理工艺拥有流程简化、建设成本低、占地面积小、管理方便、能耗低等优势，基本满足了油田采出水回注要求，但水处理效果不稳定（见表4-8），同时采出水处理设施仅有除油罐一种，考虑到检修等因素，除油罐需设双罐。

表4-8 “一级沉降除油”相关站点水质分析一览表

站名	处理规模/($m^3 \cdot d^{-1}$)		沉降罐（三相分离器）出口		除油罐出口/缓冲水罐	
	设计	实际	含油/($mg \cdot L^{-1}$)	悬浮物/($mg \cdot L^{-1}$)	含油/($mg \cdot L^{-1}$)	悬浮物/($mg \cdot L^{-1}$)
油一转	700	400	153.9	63.4	142	50
白二联	800	780	87.9	101	52	78
候市站	1 200	750	125	19.6	85.4	16
姬二联	1 000	550	33.7	22.5	28.5	20.3
油一联	2 000	1 500	99.88	80	80.27	60
靖一联	2 500	1 900	107.1	140	95.3	80
庄一注	3 000	1 400	67.5	28.2	58.36	16
杨米涧	1 000	400	96.5	43.2	67.5	38.2
大路沟站	1 400	920	112.3	85.2	86.5	65
学一联	1 200	1 000	89.2	76	85.4	67
吴三联	300	260	53.2	34.2	43.5	22

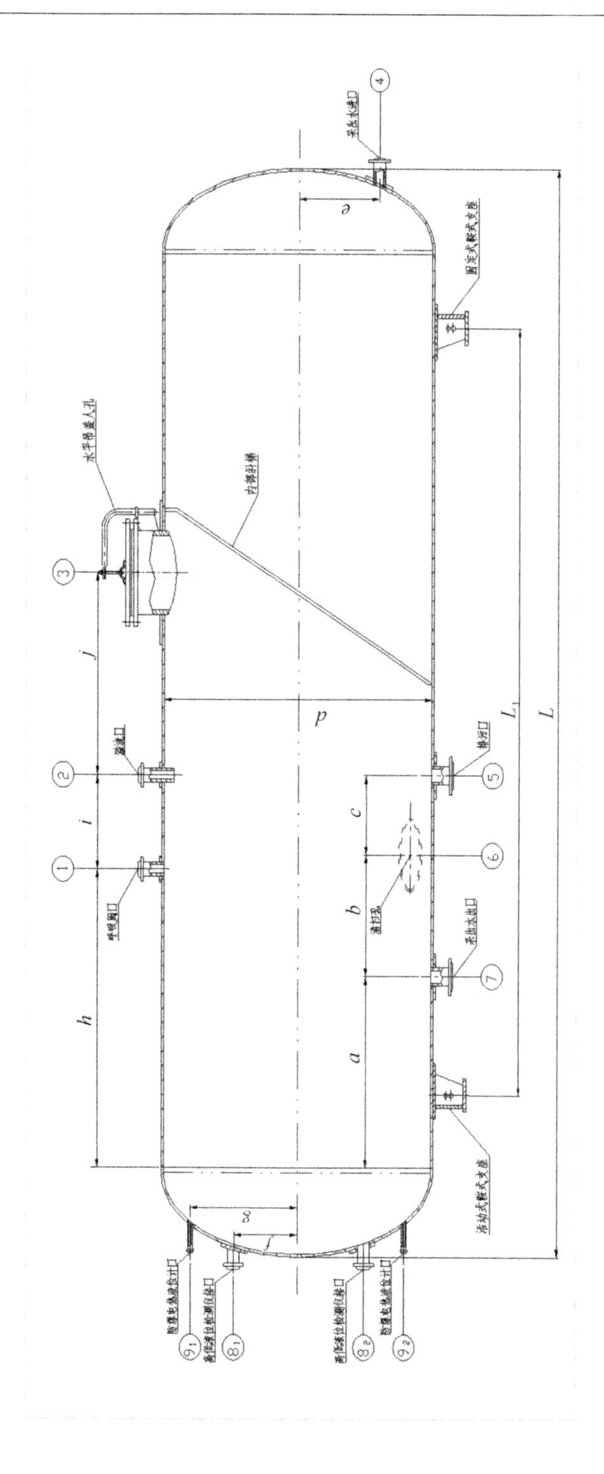

图4-13 卧式玻璃钢缓冲水罐示意图

4."沉降除油+生化除油/气浮除油+过滤"处理工艺

沉降除油同"一级沉降除油"处理工艺。

二级除油生化工艺:核心为从受石油污染的土壤中筛选本源高效嗜油菌群,通过微生物的作用完成有机物的分解,将有机污染物转变成 CO_2、水以及少量污泥。

二级除油气浮工艺:在含油污水中通入氮气或空气使水中产生微细气泡,同时依托涡旋流等作用,使污水中的乳化油和悬浮颗粒黏附在气泡上,最后通过上浮或离心去除。

后端过滤:结合油藏情况选择过滤方式,一般为改性纤维束、无烟煤、金刚砂、石英砂等滤料,或采用膜过滤方式。

气浮工艺简述:三相分离器来水进入沉降除油罐经过沉降除油后进入一体化油田水处理装置。一体化装置前段设置缓冲水箱,除油罐出水进入缓冲水箱,经提升泵提升加压后进入分离罐。再在分离罐进口的管线上进行溶气,沿切线进入分离罐内产生涡流旋转,通过涡流旋转产生离心力将油向内圆运移,同时将水中悬浮的小颗粒混凝成大颗粒、片状颗粒混凝成球形颗粒;油在内圆聚集后在浮力作用下油上浮至罐顶,并从罐体顶部的收油口排出;同时离心分离后的水和悬浮在水中固体颗粒改向,向下运移,依靠惯性和流速骤减将矾花大颗粒沉降到罐底从罐底排污口排出。分离罐出水进入两级过滤罐,通过向心气浮除油,微涡旋除污降浊和过滤作用进行深层次处理,达到防除垢、缓蚀杀菌处理后进入缓冲水罐回注。示意图如图 4-14 所示,相关站点水质分析见表 4-9。

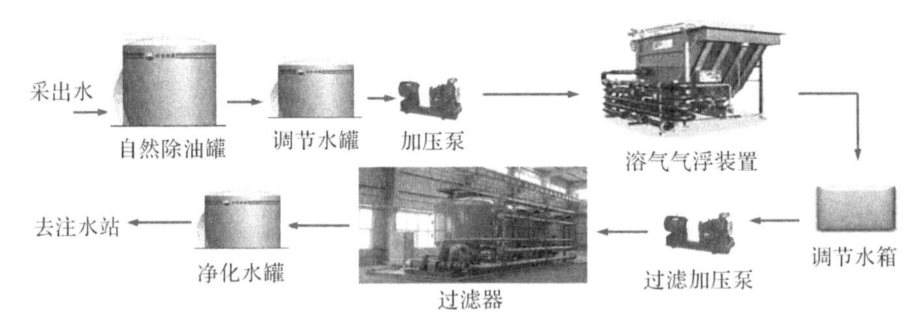

图 4-14 "沉降除油+气浮除油+过滤"采出水处理工艺流程简图

生化工艺简述:三相分离器来水进入沉降除油罐经过沉降除油后进入微

生物处理区。微生物处理区前端设冷却塔，对来水温度进行检测，水温超过 45 ℃时经过冷却塔进行降温；水温低于 45 ℃时，来水不经过冷却塔直接进入不加药气浮预处理区，对浮油和细分散油的去除和回收。气浮处理后出水进入微生物反应池，在生物反应池中投加培养好的高效优势生物菌群，通过细菌的代谢完成对水中有机物及油类的降解。生物反应池出水自流进入沉淀池，通过重力沉淀作用去除水中的悬浮颗粒，沉淀池底部污泥定期外排。沉淀池上清液自流进入中间水池，然后用泵提升至两级过滤器，通过具有孔隙的装置或通过由某种颗粒介质组成的过滤层，使油珠截留、筛分、惯性碰撞等作用，使水中的悬浮物和油分等得以去除。过滤器出水进入缓冲水罐，然后进行回注。微生物处理适用于环境温度 10～45℃（最佳温度 20～35 ℃）、矿化度≤150 g/L和 pH 6～9 的条件。示意图如图 4－15 所示，相关站点水质分析见表 4－10。

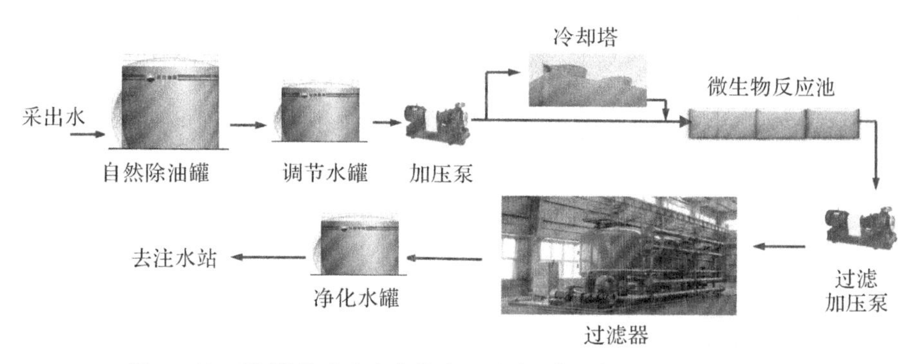

图 4－15　“沉降除油＋生化除油＋过滤”采出水处理工艺流程简图

二、水处理系统典型站场排放源分析

油田水处理系统 VOCs 排放源特征分析主要包含 4 类站场，分别为采出水处理站、措施返排液处理站、油泥处理站及油泥临时储存点。具体分析如下。

（一）采出水处理站

1. 现状

目前，常用的采出水处理工艺为“气浮＋过滤”或“生化＋过滤”工艺。

（1）“气浮＋过滤”采出水处理系统工艺如图 4－16 所示。

（2）“生化＋过滤”采出水处理系统工艺如图 4－17 所示。

表 4-9 “沉降除油＋气浮＋过滤”相关站点水质分析一览表

站名	处理规模		三相分离器出口		沉降除油罐出口		气浮处理设施出口			两级过滤器出口		
控制指标	设计 $m^3 \cdot d^{-1}$	实际 $m^3 \cdot d^{-1}$	石油类 $mg \cdot L^{-1}$	悬浮物 $mg \cdot L^{-1}$	石油类 $mg \cdot L^{-1}$	悬浮物 $mg \cdot L^{-1}$	石油类 $mg \cdot L^{-1}$	悬浮物 $mg \cdot L^{-1}$	粒径中值 μm	石油类 $mg \cdot L^{-1}$	悬浮物 $mg \cdot L^{-1}$	粒径中值 μm
城三转（侏罗）	500	410	223.4	114.4	14.4	15.1	22.5	26.0	3.12	10.5	7.1	1.14
庆四联	500	488	191.4	83.0	15.8	79.6	19.3	23.7		5.2	36.0	0.727
庄五转	300	197	257.6	147.4	6.3	28.8	7.6	15.9		4.2	11.3	0.69

表 4-10 “沉降除油＋生化＋过滤”相关站点水质分析一览表

站名	处理规模		三相分离器出口		沉降除油罐出口		气浮处理设施出口			两级过滤器出口		
控制指标	设计 $m^3 \cdot d^{-1}$	实际 $m^3 \cdot d^{-1}$	石油类 $mg \cdot L^{-1}$	悬浮物 $mg \cdot L^{-1}$	石油类 $mg \cdot L^{-1}$	悬浮物 $mg \cdot L^{-1}$	石油类 $mg \cdot L^{-1}$	悬浮物 $mg \cdot L^{-1}$	粒径中值 μm	石油类 $mg \cdot L^{-1}$	悬浮物 $mg \cdot L^{-1}$	粒径中值 μm
环二联	1 000	620	223.4	114.4	14.4	15.1	22.5	26.0	3.12	11.2	6.5	0.914
南梁集油站	1 000	752	371.5	236.5	214.9	150.8	15.1	19.0	4.87	10.6	12.5	0.727
环五转	300	135	211.5	69.9	69.4	68.1	5.0	3.1	12.80	1.5	1.9	1.23

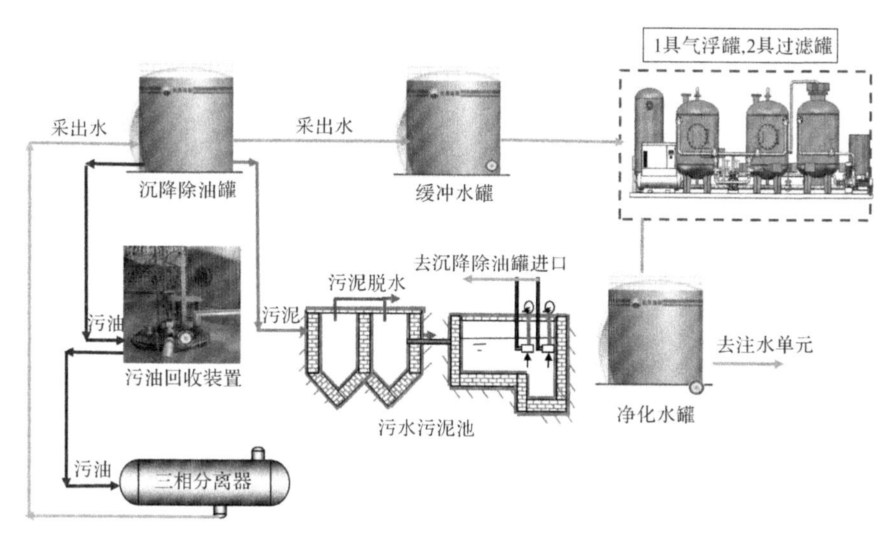

图4-16 “气浮+过滤”采出水处理工艺流程图

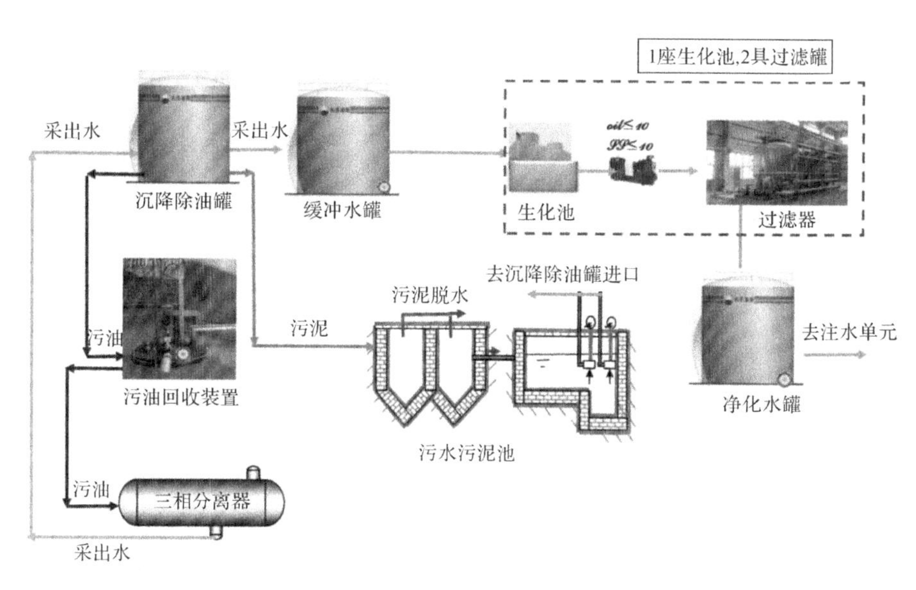

图4-17 “生化+过滤”采出水处理工艺流程图

2.排放源分析

排放源分析见表4-11。

表4-11 排放源分析表

工艺设备	排放源	排放时间	执行标准要求	现状及是否达标	备注
沉降除油罐	呼吸排放	连续	≤120 mg/m^3	未密闭	浓度范围100～5 000 mg/m^3
缓冲水罐	呼吸排放	连续	≤120 mg/m^3	正常工况密闭	浓度范围100～2 000 mg/m^3
净化水罐	呼吸排放	连续	≤120 mg/m^3	正常工况密闭	浓度范围100～2 000 mg/m^3
“气浮+过滤”采出水处理装置	无排气			正常工况密闭	
“生化+过滤”采出水处理装置	逸散排放	连续	非重点地区未明确	未密闭	无组织排放，暂不治理
污水污泥池	逸散排放	连续	非重点地区未明确	未密闭	无组织排放，暂不治理
阀门管件	密封不严泄漏	偶尔	重点地区泄漏检测修复	非重点地区，维持现状	建议半年检测一次，不合格更换
取样检修作业	取样、检修	偶尔	未明确	敞开作业，无组织排放	参考企业边界排放<4 mg/L，达标

结论：根据现场了解和临时检测数据显示，VOCs排放浓度范围为100～5 000 mg/m^3，存在局部超标的情况，建议对采出水处理系统进行VOCs排放治理。

(二)措施返排液处理站

1.现状

现阶段常用的处理工艺为“预处理+固液分离+过滤”工艺，工艺流程如图4-18所示。

2.排放源分析

排放源分析见表4-12。

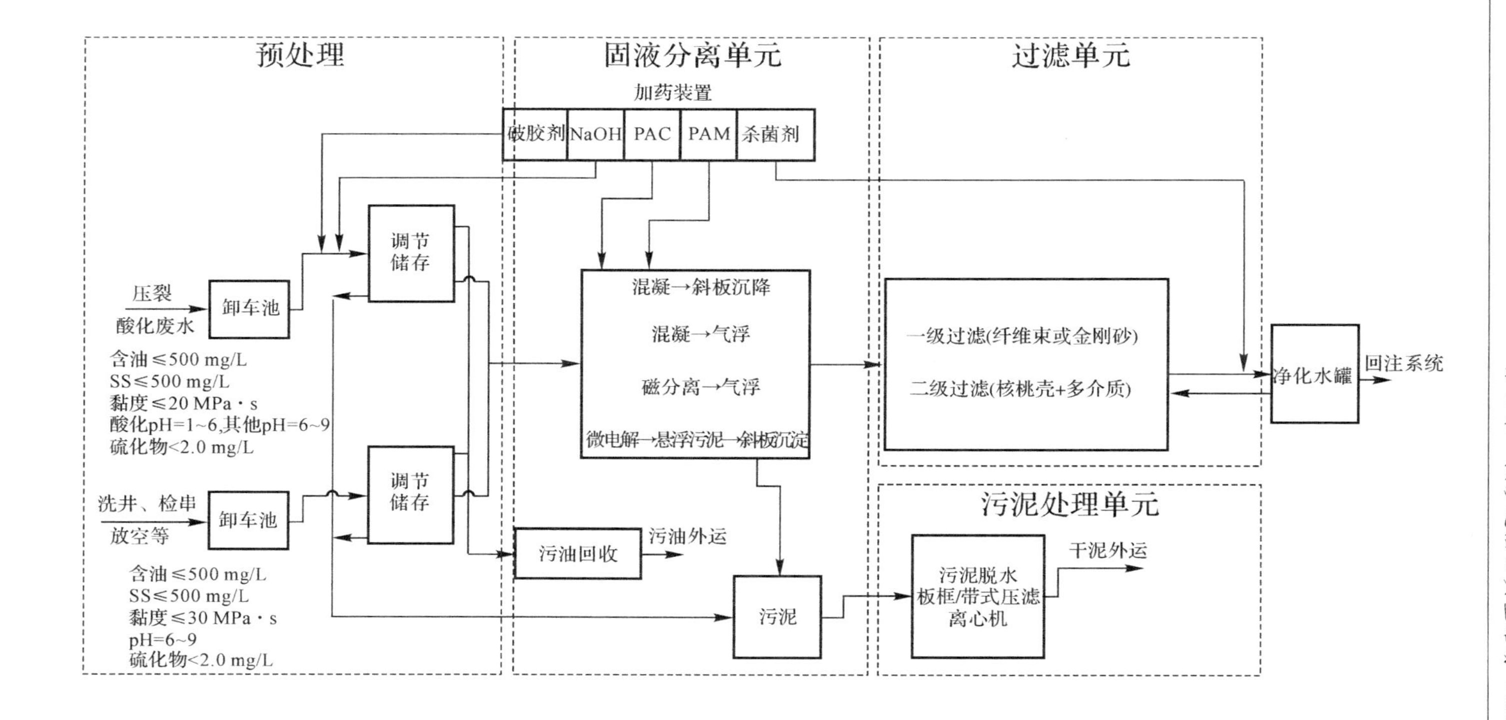

图4-18 “预处理+固液分离+过滤”工艺流程图

表 4-12 排放源分析表

工艺设备	排放源	排放时间	执行标准要求	现状及是否达标	备注
破胶罐	呼吸排放	连续	≤120 mg/m³	未密闭	浓度范围 200～2 000 mg/m³
卸车箱	逸散排放	间歇	非重点地区未明确	未密闭	无组织排放，暂不治理
调节水箱	逸散排放	间歇	非重点地区未明确	未密闭	无组织排放，暂不治理
净化水箱	逸散排放	间歇	非重点地区未明确	未密闭	无组织排放，暂不治理
净化水罐	呼吸排放	连续	≤120 mg/m³	未密闭	浓度范围 100～700 mg/m³
措施返排液处理装置	逸散排放	连续	非重点地区未明确	未密闭	无组织排放，暂不治理
污泥池	呼吸排放	连续	非重点地区未明确	未密闭	无组织排放，暂不治理
污泥堆放棚	逸散排放	间歇	非重点地区未明确	非重点地区，维持现状	无组织排放，暂不治理
阀门管件	密封不严泄漏	偶尔	重点地区泄漏检测修复	非重点地区，维持现状	建议半年检测一次，不合格更换
取样检修作业	取样、检修	偶尔	未明确	非重点地区，维持现状	参考企业边界排放<4 mg/L，达标

结论：根据现场了解和相关检测数据显示，VOCs排放浓度范围为200～2 000 mg/m³，存在局部超标的情况，需对措施返排液处理系统开展VOCs排放治理，参考水处理系统治理方式。

（三）油泥处理站

1. 现状

目前，常用的处理工艺为采用“油泥热洗筛分处理、加药调节均质沉降＋机械脱水”工艺，如图4-19所示。

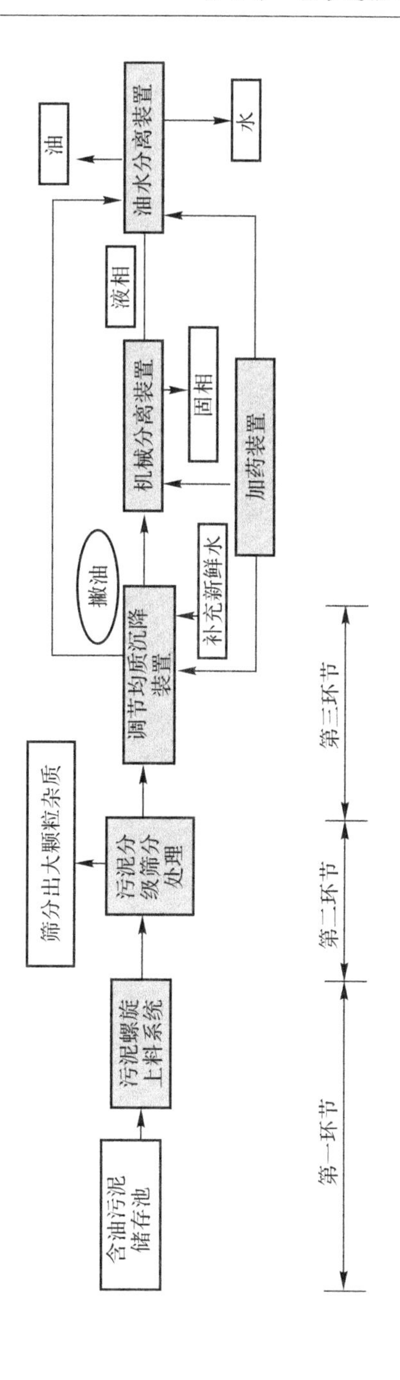

图4-19　油泥处理工艺流程图

2. 排放源分析

排放源分析见表 4－13。

表 4－13　排放源分析表

工艺设备	排放源	排放时间	执行标准要求	现状及是否达标	备注
含油污泥储存池	逸散排放	连续	无标准要求	未密闭	
污泥螺旋上料装置	逸散排放	连续	无标准要求	未密闭	
污泥分级筛分处理装置	逸散排放	连续	无标准要求	未密闭	
调节均质沉降装置	呼吸排放	连续	无标准要求	未密闭	浓度范围 2 000～4 000 mg/m^3
机械分离装置	呼吸排放	连续	无标准要求	未密闭	浓度范围 500～3 000 mg/m^3
油水分离装置	呼吸排放	连续	无标准要求	未密闭	浓度范围 7 000～8 000 mg/m^3
阀门管件	密封不严泄漏	偶尔	无标准要求		

3. 典型油泥处理站场 VOCs 排放检测

2019 年，庆阳市生态环境局庆城分局委托有资质的相关单位对长庆油田第二采油厂陇东油泥处理站进行了废气检测，根据检测报告内容，处理站区域内气体组分中含有的硫化氢、氨浓度符合《恶臭污染物排放标准》(GB 14554—1993)标准限值，非甲烷总烃浓度范围为 0.53～3.83 mg/m^3，符合《大气污染物综合排放标准》(GB 16297—1996)标准限值(120 mg/m^3)，长庆油田其他油泥处理站处理工艺、接收污泥含水率、含油率基本相似，此类油泥处理站暂按达标考虑。

(四)油泥临时储存点

1. 现状

目前，油泥临时储存点均采用防渗漏、防逸散等安全环保设计标准进行设计，如图 4－20 所示。

图 4－20　油泥临时储存点示意图

2. 排放源分析

排放源分析见表 4－14。

表 4－14　排放源分析表

工艺设备	排放源	排放时间	VOCs 排放形式	排放量限值	超限改进措施
排水明沟	逸散排放	偶尔	无组织	<200 μmol/mol	定期巡检，及时收集、清理渗滤液
渗滤液收集坑	逸散排放	偶尔	无组织	<200 μmol/mol	定期巡检，及时收集、清理渗滤液
袋装污泥	逸散排放	连续	无组织	<200 μmol/mol	提升袋装质量，防止破损；出现破损时及时更换包装

油泥临时储存点属于配合油泥转运的临时储存构筑物，正常工况下所有转运油泥均采用双层防渗防溢包装袋进行封口储存，满足《挥发性有机物无组织排放控制标准》（GB 37822—2019）中第 6.1.2 条关于 VOCs 物料转移和输送无组织排放的控制要求。

结论：正常工况下，VOCs 排放达标。非正常工况和检修时，排水明沟和渗滤液收集坑不达标排放。

第五章　油气田站场 VOCs 治理安全隐患及防控

在油田开发过程中，安全生产至关重要。近年来，油田生产仍没有根除某些危险因素，油田生产企业逐步意识到安全生产在提高油田产能建设过程中的重要性。然而，从现状来看，这些隐患在根本上威胁了油田安全，同时也阻碍了油田的开发进程。对于油田生产企业来讲，企业有必要明确影响油田安全生产的主要因素，结合油田生产现状，探求可行的解决对策。

对于企业来说，排查治理事故隐患是预防事故发生的重要手段。同时，也是安全工作的重点之一。安全来自防范，事故源于隐患。只有消除隐患，才能消灭事故。企业要把隐患排查治理工作制度化、规范化，保障资金投入，及时消除隐患，增强企业防范事故的能力。只有建立企业内部重大危险源普查、监控和分级管理制度，才能有效地防范和遏制重特大事故的发生。

第一节　石油化工企业隐患排查治理相关规章制度

按照墨菲定律，只要发生事故的可能性存在，不管其可能性多么小，事故迟早都会发生。隐患是事故的源头，隐患不除，则事故难免发生。任何事物都处于发展变化之中，事故隐患也不例外。由于企业生产系统中各种要素的变化，事故隐患也随时发生着变化。原有的事故隐患消除了，新的事故隐患又产生了。因此，事故隐患的排查治理是一项长期任务。企业只有建立完善事故隐患排查治理的常态机制，坚持不懈地开展好隐患治理工作，才能远离事故灾害，确保安全生产。

一、安全生产事故隐患治理暂行规定

2016 年，为进一步规范隐患排查治理工作，国家安全监管总局修订了《生

产安全事故隐患排查治理规定(修订稿)》。《生产安全事故隐患排查治理规定(修订稿)》分为 5 部分,共 40 条。具体内容为:第一部分“总则”;第二部分“事故隐患排查治理”;第三部分“监督管理”;第四部分“法律责任”;第五部分“附则”。该规定的目的是建立安全生产事故隐患排查治理长效机制,强化安全生产主体责任,加强事故隐患监督管理,防止和减少事故,保障人民群众生命财产安全。

(一)总则中相关规定

在该部分的总则中,对安全隐患、监察部门等作了规定。

(1)为了加强生产安全事故隐患(以下简称“事故隐患”)排查治理工作,落实生产经营单位的安全生产主体责任,预防和减少生产安全事故,保障人民群众生命健康和财产安全,根据《中华人民共和国安全生产法》等法律、行政法规,制定本规定。

(2)生产经营单位事故隐患排查治理和安全生产监督管理部门、煤矿安全监察机构(以下统称安全监管监察部门)实施监管监察,适用于本规定。有关法律、法规对事故隐患排查治理另有规定的,依照其规定。

(3)本规定所称事故隐患,是指生产经营单位违反安全生产法律、法规、规章、标准、规程和安全生产管理制度的规定,或者因其他因素在生产经营活动中存在可能导致事故发生的人的不安全行为、物的危险状态、场所的不安全因素和管理上的缺陷。

(4)事故隐患分为一般事故隐患和重大事故隐患。

一般事故隐患是指危害和整改难度较小,发现后立即能够整改消除的隐患。

重大事故隐患是指危险和整改难度较大,需要全部或者局部停产停业,并经过一定时间整改治理方能消除的隐患,或者因为外部因素影响致使生产经营单位自身难以消除的隐患。

(5)生产经营单位是事故隐患排查、治理、报告和防控的责任主体,应当建立健全事故隐患的排查治理制度,完善事故隐患自查、自改、自报的管理机制,落实从主要负责人到每位从业人员的事故隐患排查治理和防控责任,并加强对落实情况的监督考核,保证隐患排查治理的落实。

生产经营单位主要负责人对本单位的事故隐患排查治理工作全面负责。各分管负责人对分管业务范围内的事故隐患排查治理工作负责。

(6)各级安全监管监察部门按照职责对所辖区域内生产经营单位排查治

理事故隐患工作依法实施综合监督管理。各级人民政府有关部门在各自职责范围内对生产经营单位排查治理事故隐患工作依法实施监督管理。

各级安全监管监察部门应当加强互联网+隐患排查治理体系的建设，推进生产经营单位建立完善隐患排查治理制度，运用信息化技术手段强化隐患排查治理工作。

(7)任何单位和个人发现事故隐患或者隐患排查治理违法行为，均有权向安全监管监察部门和有关部门举报。

安全监管监察部门接到事故隐患举报后，应当按照职责分工及时组织核实并予以查处。发现所举报的事故隐患应当由其他有关部门处理的，应当及时移交并记录备案。

对举报生产经营单位的重大事故隐患或者隐患排查治理违法行为，经核实无误的，安全监管监察部门和有关部门应当按照规定给予奖励。

(8)鼓励和支持安全生产技术管理服务机构和注册安全工程师等专业技术人员参与事故隐患排查治理工作，为生产经营单位提供事故隐患排查治理技术和管理服务。

(二)事故隐患排查治理的相关规定

在第二部分中，对相关生产经营单位的职责事项作了规定。

(1)生产经营单位应当建立包括下列内容的事故隐患排查治理制度：

1)明确主要负责人、分管负责人、部门和岗位人员隐患排查治理工作要求、职责范围、防控责任。

2)根据国家、行业、地方有关事故隐患的标准、规范、规定，编制事故隐患排查清单，明确和细化事故隐患排查事项、具体内容和排查周期。

3)明确隐患判定程序，按照规定对本单位存在的重大事故隐患作出判定。

4)明确重大事故隐患、一般事故隐患的处理措施及流程。

5)组织对重大事故隐患治理结果的评估。

6)组织开展相应培训，提高从业人员隐患排查治理能力。

7)应当纳入的其他内容。

(2)生产经营单位应当保证事故隐患排查治理所需的资金，建立资金使用专项制度。

(3)生产经营单位应当按照事故隐患判定标准和排查清单组织安全生产管理人员、工程技术人员和其他相关人员排查本单位的事故隐患，对排查出的事故隐患，应当按照事故隐患的等级进行记录，建立事故隐患信息档案，按照职责分工实施监控治理，并将事故隐患排查治理情况向从业人员通报。

(4)生产经营单位应当建立事故隐患排查治理激励约束制度，鼓励从业人员发现、报告和消除事故隐患。对发现、报告和消除事故隐患的有功人员，应当给予物质奖励或者表彰；对瞒报事故隐患或者排查治理不力的人员予以相应处理。

(5)生产经营单位的安全生产管理人员在检查中发现重大事故隐患，应当向本单位有关负责人报告，有关负责人应当及时处理。有关负责人不及时处理的，安全生产管理人员可以向安全生产监管监察部门和有关部门报告，接到报告后安全监管监察部门和有关部门应当依法及时处理。

(6)生产经营单位将生产经营项目、场所、设备发包、出租的，应当与承包、承租单位签订安全生产管理协议，并在协议中明确各方对事故隐患排查、治理和防控的管理职责。生产经营单位对承包、承租单位的事故隐患排查治理工作进行统一协调、管理，定期进行检查，发现问题及时督促整改。承包、承租单位拒不整改的，生产经营单位可以按照协议约定的方式处理，或者向安全监管监察部门和有关部门报告。

(7)生产经营单位应当每月对本单位事故隐患排查治理情况进行统计分析，并按照规定的时间和形式报送安全监管监察部门和有关部门。

对于重大事故隐患，生产经营单位除依照前款规定报送外，应当向安全监管监察部门和有关部门提交书面材料。重大事故隐患报送内容应当包括：

1)隐患的现状及其产生原因；

2)隐患的危害程度和整改难易程度分析；

3)隐患的治理方案。

已经建立隐患排查治理信息系统的地区，生产经营单位应当通过信息系统报送前两款规定的内容。

(8)对于一般事故隐患，由生产经营单位(车间、分厂、区队等)负责人或者有关人员及时组织整改。

对于重大事故隐患，由生产经营单位主要负责人组织制定并实施事故隐患治理方案。重大事故隐患治理方案应当包括以下内容：

1)治理的目标和任务；

2)采取的方法和措施；

3)经费和物资的落实；

4)负责治理的机构和人员；

5)治理的时限和要求；

6)安全措施和应急预案。

(9)生产经营单位在事故隐患治理过程中,应当采取相应的安全防范措施,防止事故发生。事故隐患排除前或者排除过程中无法保证安全的,应当从危险区域内撤出作业人员,并疏散可能危及的其他人员,设置警戒标志,暂时停产停业或者停止使用相关设施、设备;对暂时难以停产或者停止使用后极易引发生产安全事故的相关设施、设备,应当加强维护保养和监测监控,防止事故发生。

(10)对于因自然灾害可能引发事故灾难的隐患,生产经营单位应当按照有关法律、法规、规章、标准、规程的要求进行排查治理,采取可靠的预防措施,制定应急预案。在接到有关自然灾害预报时,应当及时发出预警通知;发生自然灾害可能危及生产经营单位和人员安全的情况时,应当采取停止作业、撤离人员、加强监测等安全措施,并及时向当地人民政府及其有关部门报告。

(11)重大事故隐患治理工作结束后,生产经营单位应当组织本单位的技术人员和专家对重大事故隐患的治理情况进行评估或者委托依法设立的为安全生产提供技术、管理服务的机构对重大事故隐患的治理情况进行评估。

对安全监管监察部门和有关部门在监督检查中发现并责令全部或者局部停产停业治理的重大事故隐患,生产经营单位完成治理并经评估后符合安全生产条件的,应当向安全监管监察部门和有关部门提出恢复生产经营的书面申请,经安全监管监察部门和有关部门审查同意后,方可恢复生产经营。申请材料应当包括治理方案的内容、项目和治理情况评估报告等。

(12)生产经营单位委托技术管理服务机构提供事故隐患排查治理服务的,事故隐患排查治理的责任仍由本单位负责。

技术管理服务机构对其出具的报告或意见负责,并承担相应的法律责任。

(三)监督管理的相关规定

在该部分内容中,对监督管理相应的事项作了规定。

(1)安全监管监察部门应当指导、监督生产经营单位事故隐患排查治理工作。

安全监管监察部门应当按照有关法律、法规、规章的规定,不断完善相关标准、规范,逐步建立与生产经营单位联网的信息化管理系统,健全自查自改自报与监督检查相结合的工作机制以及绩效考核、激励约束等相关制度,突出对重大事故隐患的督促整改。

(2)安全监管监察部门应当根据事故隐患排查治理工作情况制订相应的

专项监督检查计划。安全监管监察部门应当按计划对生产经营单位事故隐患排查治理情况开展差异化监督检查；对发现存在重大事故隐患的生产经营单位，应当加强重点检查。

安全监管监察部门在监督检查中发现属于其他有关部门职责范围内的重大事故隐患，应当及时将有关资料移送有管辖权的有关部门，并记录备查。

(3)安全监管监察部门和有关部门应当建立重大事故隐患督办制度。

对于整改难度大或者需要有关部门协调推进方能完成整改的重大事故隐患，安全监管监察部门应当提请有关人民政府督办。

(4)已经取得煤矿、非煤矿山、危险化学品、烟花爆竹安全生产许可证的生产经营单位，在其被督办的重大事故隐患治理结束前，安全监管监察部门应当加强监督检查。必要时，可以提请原许可证颁发机关依法暂扣其安全生产许可证。

(5)安全监管监察部门对检查中发现的事故隐患，应当责令生产经营单位立即排除；重大事故隐患排除前或者排除过程中无法保证安全的，应当责令从危险区域内撤出作业人员，责令暂时停产停业或者停止使用相关设施、设备；重大事故隐患排除后，生产经营单位应当报安全监管监察部门审查同意，方可恢复生产经营和使用。

(6)安全监管监察部门依法对存在重大事故隐患的生产经营单位作出停产停业、停止施工、停止使用相关设施或者设备的决定，生产经营单位应当依法执行，及时消除事故隐患。生产经营单位拒不执行，有发生生产安全事故的现实危险的，在保证安全的前提下，经本部门主要负责人批准，安全监管监察部门可以采取通知有关单位停止供电、停止供应民用爆炸物品等措施，强制生产经营单位履行决定。通知应当采用书面形式，有关单位应当予以配合。

安全监管监察部门依照前款规定采取停止供电措施，除有危及生产安全的紧急情形外，应当提前二十四小时通知生产经营单位。生产经营单位依法履行行政决定、采取相应措施消除事故隐患的，安全监管监察部门应当及时解除前款规定的措施。

(7)安全监管监察部门收到生产经营单位恢复生产经营的申请后，应当在10个工作日内进行现场审查。审查合格的，同意恢复生产经营；审查不合格的，依法处理；对经停产停业治理仍不具备安全生产条件的，依法提请县级以上人民政府按照国务院规定的权限予以关闭。

(8)安全监管监察部门应当每月将本行政区域事故隐患的排查治理情况和统计分析表逐级报至国家安全生产监督管理总局。

(9)安全监管监察部门应当根据“谁负责监管，谁负责公开”的原则将所监管监察领域已排查确定的重大事故隐患的责任单位、整改措施和整改时限等内容在政务网站上公开，有关保密规定不能公开的除外。

(0)对事故隐患治理不力，导致事故发生的生产经营单位，安全监管监察部门应当将其行为录入安全生产违法行为信息库；对违法行为情节严重的，依法向社会公告，并通报行业主管部门、投资主管部门、国土资源主管部门、证券监督管理机构以及有关金融机构。

(四)法律责任的相关规定

在本部分内容中，对相关处罚的事项作了规定。

(1)生产经营单位未建立事故隐患排查治理制度的，责令限期改正，可以处10万元以下的罚款；逾期未改正的，责令停产停业整顿，并处10万元以上20万元以下的罚款，对其直接负责的主管人员和其他直接责任人员处2万元以上5万元以下的罚款；构成犯罪的，依照刑法有关规定追究刑事责任。

(2)生产经营单位未采取措施消除事故隐患的，责令立即消除或者限期消除；生产经营单位拒不执行的，责令停产停业整顿，并处10万元以上50万元以下的罚款，对其直接负责的主管人员和其他直接责任人员处2万元以上5万元以下的罚款。

生产经营单位未按规定采取措施及时消除事故隐患导致生产安全事故发生的，依法给予行政处罚；构成犯罪的，依照刑法有关规定追究刑事责任。

(3)生产经营单位违反本规定，有下列行为之一的，责令限期改正，可以处5万元以下的罚款；逾期未改正的，责令停产停业整顿，并处5万元以上10万元以下的罚款，对其直接负责的主管人员和其他直接责任人员处1万元以上2万元以下的罚款：

1)未按规定将事故隐患排查治理情况如实记录的；

2)未按规定将事故隐患排查治理情况向从业人员通报的。

(4)生产经营单位违反本规定，有下列行为之一的，由安全监管监察部门处5 000元以上3万元以下的罚款，对其直接负责的主管人员和其他直接责任人员处1 000元以上1万元以下的罚款：

1)未制定重大事故隐患治理方案、治理方案不符合规定或者未实施重大事故隐患治理方案的；

2)重大事故隐患未提交书面材料或者未在信息系统中报送的；

3)安全监管监察部门在监督检查中发现并责令全部或者局部停产停业治

理的重大事故隐患整改完成后未经安全监管监察部门审查同意擅自恢复生产经营的。

(5)生产经营单位有下列行为之一的，由安全监管监察部门责令限期改正，可以处5 000元以上3万元以下的罚款，对其直接负责的主管人员和其他直接责任人员可以处1 000元以上1万元以下的罚款：

1)未建立隐患排查治理激励约束制度的；

2)未按规定报送事故隐患排查治理情况统计分析数据的；

(6)承担安全评估的中介机构，出具虚假评价证明的，没收违法所得；违法所得在10万元以上的，并处违法所得2倍以上5倍以下的罚款；没有违法所得或者违法所得不足10万元的，单处或者并处10万元以上20万元以下的罚款；对其直接负责的主管人员和其他直接责任人员处2万元以上5万元以下的罚款；给他人造成损害的，与生产经营单位承担连带赔偿责任；构成犯罪的，依照刑法有关规定追究刑事责任。

对有前款违法行为的机构，吊销其相应的资质。

(7)生产经营单位主要负责人在本单位隐患排查治理中未履行职责，及时组织消除事故隐患的，责令限期改正；逾期未改正的，处2万元以上5万元以下的罚款，责令生产经营单位停产停业整顿；由此导致发生生产安全事故的，依法给予处分并处以罚款；构成犯罪的，依照刑法有关规定追究刑事责任。

(8)安全监管监察部门的工作人员在隐患排查治理监督检查工作中有下列情形之一，且无正当理由的，由本单位进行批评教育，责令改正；拒不改正的，依法给予处分。

1)未根据事故隐患排查治理工作情况制订相应专项监督检查计划的；

2)发现属于其他有关部门职责范围内的重大事故隐患，未及时移送的；

3)未按规定及时处理事故隐患举报的；

4)对督办的重大事故隐患，未督促生产经营单位进行整改的。

二、危险化学品企业事故隐患排查治理实施导则

2012年8月7日，国家安全生产监督管理总局下发《关于〈危险化学品企业事故隐患排查治理实施导则〉的通知》，该通知指出：隐患的排查治理是安全生产的重要工作，企业安全生产标准化管理要素的重点内容，是预防和减少事故的有效手段。为了推动和规范危险化学品的企业隐患排查治理工作，国家安全生产监督管理总局制定了《危险化学品企业事故隐患排查治理实施导则》(简称《导则》)。危险化学品企业需高度重视并持之以恒地做好隐患排查治理

工作，要按照《导则》要求，建立隐患排查治理工作的责任制，完善隐患排查治理制度，规范各项工作程序，实时监控重大隐患，逐步建立隐患排查治理的常态化机制。强化《导则》的宣传培训，确保企业员工对《导则》内容的了解，并积极参与到隐患排查治理的工作中来。各级安全监管部门要督促指导危险化学品企业规范开展隐患排查治理工作。要采取培训、专家讲座等多种形式，大力开展《导则》宣贯，增强危险化学品企业开展隐患排查治理的主动性，指导企业掌握隐患排查治理的基本方法和工作要求；及时搜集和研究辖区内企业隐患排查治理情况，建立隐患排查治理信息管理系统，建立安全生产工作预警预报机制，提升危险化学品安全监管水平。

《危险化学品企业事故隐患排查治理实施导则》分为总则、基本要求、隐患排查方式及频次、隐患排查内容、隐患治理与上报五部分内容。

(一)总则

(1)为了切实落实企业安全生产主体责任，促进危险化学品企业建立事故隐患排查治理的长效机制，及时排查、消除事故隐患，有效防范和减少事故，根据国家相关法律、法规、规章及标准，制定本实施导则。

(2)本导则适用于生产、使用和储存危险化学品企业(简称"企业")的事故隐患排查治理工作。

(3)本导则所称事故隐患(简称"隐患")，是指不符合安全生产法律、法规、规章、标准、规程和安全生产管理制度的规定，或者因其他因素在生产经营活动中存在可能导致事故发生或导致事故后果扩大的物的危险状态、人的不安全行为和管理上的缺陷，包括：

1)作业场所、设备设施、人的行为及安全管理等方面存在的不符合国家安全生产法律法规、标准规范和相关规章制度规定的情况。

2)法律法规、标准规范及相关制度未作明确规定，但企业危害识别过程中识别出作业场所、设备设施、人的行为及安全管理等方面存在的缺陷。

(二)基本要求

(1)隐患排查治理是企业安全管理的基础工作，是企业安全生产标准化风险管理要素的重点内容，应按照"谁主管、谁负责"和"全员、全过程、全方位、全天候"的原则，明确职责，建立健全企业隐患排查治理制度和保证制度有效执行的管理体系，努力做到及时发现、及时消除各类安全生产隐患，保证企业安全生产。

(2)企业应建立和不断完善隐患排查体制机制,主要包括:

1)企业主要负责人对本单位事故隐患排查治理工作全面负责,应保证隐患治理的资金投入,及时掌握重大隐患治理情况,治理重大隐患前要督促有关部门制定有效的防范措施,并明确分管负责人。分管负责隐患排查治理的负责人,负责组织检查隐患排查治理制度落实情况,定期召开会议研究解决隐患排查治理工作中出现的问题,及时向主要负责人报告重大情况,对所分管部门和单位的隐患排查治理工作负责。其他负责人对所分管部门和单位的隐患排查治理工作负责。

2)隐患排查要做到全面覆盖、责任到人,定期排查与日常管理相结合,专业排查与综合排查相结合,一般排查与重点排查相结合,确保横向到边、纵向到底、及时发现、不留死角。

3)隐患治理要做到方案科学、资金到位、治理及时、责任到人、限期完成。能立即整改的隐患必须立即整改,无法立即整改的隐患,治理前要研究制定防范措施,落实监控责任,防止隐患发展为事故。

4)技术力量不足或危险化学品安全生产管理经验欠缺的企业应聘请有经验的化工专家或注册安全工程师指导企业开展隐患排查治理工作。

5)涉及重点监管危险化工工艺、重点监管危险化学品和重大危险源(简称"两重点一重大")的危险化学品生产、储存企业应定期开展危险与可操作性分析(HAZOP),用先进科学的管理方法系统排查事故隐患。

6)企业要建立健全隐患排查治理管理制度,包括隐患排查、隐患监控、隐患治理、隐患上报等内容。

隐患排查要按专业和部位,明确排查的责任人、排查内容、排查频次和登记上报的工作流程。

隐患监控要建立事故隐患信息档案,明确隐患的级别,按照"五定"(定整改方案、定资金来源、定项目负责人、定整改期限、定控制措施)的原则,落实隐患治理的各项措施,对隐患治理情况进行监控,保证隐患治理按期完成。

隐患治理要分类实施:能够立即整改的隐患,必须确定责人组织立即整改,整改情况要安排专人进行确认;无法立即整改的隐患,要按照评估—治理方案论证—资金落实—限期治理—验收评估—销号的工作流程,明确每一工作节点的责任人,实行闭环管理;重大隐患治理工作结束后,企业应组织技术人员和专家对隐患治理情况进行验收,保证按期完成和治理效果。

隐患上报要按照安全监管部门的要求,建立与安全生产监督管理部门隐患排查治理信息管理系统联网的"隐患排查治理信息系统",每个月将开展隐患排查治理情况和存在的重大事故隐患上报当地安全监管部门，发现无法立即整改的重大事故隐患，应当及时上报。

7)要借助企业的信息化系统对隐患排查、监控、治理、验收评估、上报情况实行建档登记，重大隐患要单独建档。

(三)隐患排查方式及频次

1.隐患排查方式

(1)隐患排查工作可与企业各专业的日常管理、专项检查和监督检查等工作相结合，科学整合下述方式进行：

1)日常隐患排查；

2)综合性隐患排查；

3)专业性隐患排查；

4)季节性隐患排查；

5)重大活动及节假日前隐患排查；

6)事故类比隐患排查。

(2)日常隐患排查是指班组、岗位员工的交接班检查和班中巡回检查，以及基层单位领导和工艺、设备、电气、仪表、安全等专业技术人员的日常性检查。日常隐患排查要加强对关键装置、要害部位、关键环节、重大危险源的检查和巡查。

(3)综合性隐患排查是指以保障安全生产为目的，以安全责任制、各项专业管理制度和安全生产管理制度落实情况为重点，各有关专业和部门共同参与的全面检查。

(4)专业隐患排查主要是指对区域位置及总图布置、工艺、设备、电气、仪表、储运、消防和公用工程等系统分别进行的专业检查。

(5)季节性隐患排查是指根据各季节特点开展的专项隐患检查，主要包括：

1)春季以防雷、防静电、防解冻泄漏、防解冻坍塌为重点；

2)夏季以防雷暴、防设备容器高温超压、防台风、防洪、防暑降温为重点；

3)秋季以防雷暴、防火、防静电、防凝保温为重点；

4)冬季以防火、防爆、防雪、防冻防凝、防滑、防静电为重点。

(6)重大活动及节假日前隐患排查主要是指在重大活动和节假日前，对装置生产是否存在异常状况和隐患、备用设备状态、备品备件、生产及应急物资储备、保运力量安排、企业保卫、应急工作等进行的检查，特别是要对节日期间干部带班值班、机电仪保运及紧急抢修力量安排、备件及各类物资储备和应急工作进行重点检查。

(7)事故类比隐患排查是对企业内和同类企业发生事故后的举一反三的安全检查。

2. 隐患排查频次确定

(1)企业进行隐患排查的频次应满足：

1)装置操作人员现场巡检间隔不得大于 2 h，涉及“两重点一重大”的生产、储存装置和部位的操作人员现场巡检间隔不得大于 1 h，宜采用不间断巡检方式进行现场巡检。

2)基层车间(装置，下同)直接管理人员(主任、工艺设备技术人员)、电气、仪表人员每天至少两次对装置现场进行相关专业检查。

3)基层车间应结合岗位责任制检查，至少每周组织一次隐患排查，并和日常交接班检查和班中巡回检查中发现的隐患一起进行汇总；基层单位(厂)应结合岗位责任制检查，至少每月组织一次隐患排查。

4)企业应根据季节性特征及本单位的生产实际，每季度开展一次有针对性的季节性隐患排查；重大活动及节假日前必须进行一次隐患排查。

5)企业至少每半年组织一次，基层单位至少每季度组织一次综合性隐患排查和专业隐患排查，两者可结合进行。

6)当获知同类企业发生伤亡及泄漏、火灾爆炸等事故时，应举一反三，及时进行事故类比隐患专项排查。

7)对于区域位置、工艺技术等不经常发生变化的，可依据实际变化情况确定排查周期，如果发生变化，应及时进行隐患排查。

(2)当发生以下情形之一时，企业应及时组织进行相关专业的隐患排查：

1)颁布实施有关新的法律法规、标准规范或原有适用法律法规、标准规范重新修订的；

2)组织机构和人员发生重大调整的；

3)装置工艺、设备、电气、仪表、公用工程或操作参数发生重大改变的，应按变更管理要求进行风险评估；

4)外部安全生产环境发生重大变化；

5)发生事故或对事故、事件有新的认识；

6)气候条件发生大的变化或预报可能发生重大自然灾害。

(3)涉及“两重点一重大”的危险化学品生产、储存企业应每五年至少开展一次危险与可操作性分析(HAZOP)。

(四)隐患排查内容

根据危险化学品企业的特点,隐患排查包括但不限于以下内容:

1)安全基础管理;

2)区域位置和总图布置;

3)工艺;

4)设备;

5)电气系统;

6)仪表系统;

7)危险化学品管理;

8)储运系统;

9)公用工程;

10)消防系统。

1.安全基础管理

(1)安全生产管理机构建立健全情况、安全生产责任制和安全管理制度建立健全及落实情况。

(2)安全投入保障情况,参加工伤保险、安全生产责任险的情况。

(3)安全培训与教育情况,主要包括:企业主要负责人、安全管理人员的培训及持证上岗情况;特种作业人员的培训及持证上岗情况;从业人员安全教育和技能培训情况。

(4)企业开展风险评价与隐患排查治理情况,主要包括:法律、法规和标准的识别和获取情况;定期和及时对作业活动和生产设施进行风险评价情况;风险评价结果的落实、宣传及培训情况;企业隐患排查治理制度是否满足安全生产需要。

(5)事故管理、变更管理及承包商的管理情况。

(6)危险作业和检维修的管理情况,主要包括:危险性作业活动作业前的危险有害因素识别与控制情况;动火作业、进入受限空间作业、破土作业、临时用电作业、高处作业、断路作业、吊装作业、设备检修作业和抽堵盲板作业等危险性作业的作业许可管理与过程监督情况。从业人员劳动防护用品和器具的配置、佩戴与使用情况;

(7)危险化学品事故的应急管理情况。

2. 区域位置和总图布置

(1)危险化学品生产装置和重大危险源储存设施与《危险化学品安全管理条例》中规定的重要场所的安全距离。

(2)可能造成水域环境污染的危险化学品危险源的防范情况。

(3)企业周边或作业过程中存在的易由自然灾害引发事故灾难的危险点排查、防范和治理情况。

(4)企业内部重要设施的平面布置以及安全距离,主要包括:控制室、变配电所、化验室、办公室、机柜间以及人员密集区或场所;消防站及消防泵房;空分装置、空压站;点火源(包括火炬);危险化学品生产与储存设施等;其他重要设施及场所。

(5)其他总图布置情况,主要包括:建构筑物的安全通道;厂区道路、消防道路、安全疏散通道和应急通道等重要道路(通道)的设计、建设与维护情况;安全警示标志的设置情况;其他与总图相关的安全隐患。

3. 工艺管理

(1)工艺的安全管理,主要包括:工艺安全信息的管理;工艺风险分析制度的建立和执行;操作规程的编制、审查、使用与控制;工艺安全培训程序、内容、频次及记录的管理。

(2)工艺技术及工艺装置的安全控制,主要包括:装置可能引起火灾、爆炸等严重事故的部位是否设置超温、超压等检测仪表、声和/或光报警、泄压设施和安全联锁装置等设施;针对温度、压力、流量、液位等工艺参数设计的安全泄压系统以及安全泄压措施的完好性;危险物料的泄压排放或放空的安全性;按照《首批重点监管的危险化工工艺目录》和《首批重点监管的危险化工工艺安全控制要求、重点监控参数及推荐的控制方案》(安监总管三〔2009〕116 号)的要求进行危险化工艺的安全控制情况;火炬系统的安全性;其他工艺技术及工艺装置的安全控制方面的隐患。

(3)现场工艺安全状况,主要包括:工艺卡片的管理,包括工艺卡片的建立和变更,以及工艺指标的现场控制;现场联锁的管理,包括联锁管理制度及现场联锁投用、摘除与恢复;工艺操作记录及交接班情况;剧毒品部位的巡检、取样、操作与检维修的现场管理。

4.设备管理

(1)设备管理制度与管理体系的建立与执行情况,主要包括:按照国家相关法律法规制定修订本企业的设备管理制度;有健全的设备管理体系,设备管理人员按要求配备;建立健全安全设施管理制度及台账。

(2)设备现场的安全运行状况,包括:大型机组、机泵、锅炉、加热炉等关键设备装置的联锁自保护及安全附件的设置、投用与完好状况;大型机组关键设备特级维护到位,备用设备处于完好备用状态;转动机器的润滑状况,设备润滑的“五定”“三级过滤”;设备状态监测和故障诊断情况;设备的腐蚀防护状况,包括重点装置设备腐蚀的状况、设备腐蚀部位、工艺防腐措施,材料防腐措施等。

(3)特种设备(包括压力容器及压力管道)的现场管理,主要包括:特种设备(包括压力容器、压力管道)的管理制度及台账;特种设备注册登记及定期检测检验情况;特种设备安全附件的管理维护。

5. 电气系统

(1) 电气系统的安全管理,主要包括:电气特种作业人员资格管理;电气安全相关管理制度、规程的制定及执行情况。

(2)供配电系统、电气设备及电气安全设施的设置,主要包括:用电设备的电力负荷等级与供电系统的匹配性;消防泵、关键装置、关键机组等特别重要负荷的供电;重要场所事故应急照明;电缆、变配电相关设施的防火防爆;爆炸危险区域内的防爆电气设备选型及安装;建构筑、工艺装置、作业场所等的防雷防静电。

(3)电气设施、供配电线路及临时用电的现场安全状况。

6. 仪表系统

(1)仪表的综合管理,主要包括:仪表相关管理制度建立和执行情况;仪表系统的档案资料、台账管理;仪表调试、维护、检测、变更等记录;安全仪表系统的投用、摘除及变更管理;等等。

(2)系统配置,主要包括:基本过程控制系统和安全仪表系统的设置满足安全稳定生产需要;现场检测仪表和执行元件的选型、安装情况;仪表供电、供气、接地与防护情况;可燃气体和有毒气体检测报警器的选型、布点及安装;安装在爆炸危险环境仪表满足要求;等等。

(3)现场各类仪表完好有效,检验维护及现场标识情况,主要包括:仪表及控制系统的运行状况稳定可靠，满足危险化学品生产需求；按规定对仪表进行定期检定或校准；现场仪表位号标识是否清晰；等等。

7. 危险化学品管理

(1)危险化学品分类、登记与档案的管理，主要包括：按照标准对产品、所有中间产品进行危险性鉴别与分类，分类结果汇入危险化学品档案；按相关要求建立健全危险化学品档案；按照国家有关规定对危险化学品进行登记。

(2)化学品安全信息的编制、宣传、培训和应急管理，主要包括：危险化学品安全技术说明书和安全标签的管理；危险化学品“一书一签”制度的执行情况；24 h应急咨询服务或应急代理；危险化学品相关安全信息的宣传与培训。

8. 储运系统

(1)储运系统的安全管理情况，主要包括：储罐区、可燃液体、液化烃的装卸设施、危险化学品仓库储存管理制度以及操作、使用和维护规程制定及执行情况；储罐的日常和检维修管理。

(2)储运系统的安全设计情况，主要包括：易燃、可燃液体及可燃气体的罐区，如罐组总容、罐组布置；防火堤及隔堤；消防道路、排水系统等；重大危险源罐区现场的安全监控装备是否符合《危险化学品重大危险源监督管理暂行规定》(国家安全监管总局令第40号)的要求；天然气凝液、液化石油气球罐或其他危险化学品压力或半冷冻低温储罐的安全控制及应急措施；可燃液体、液化烃和危险化学品的装卸设施；危险化学品仓库的安全储存。

(3)储运系统罐区、储罐本体及其安全附件、铁路装卸区、汽车装卸区等设施的完好性。

9. 消防系统

(1)建设项目消防设施验收情况；企业消防安全机构、人员设置与制度的制定，消防人员培训、消防应急预案及相关制度的执行情况；消防系统运行检测情况。

(2)消防设施与器材的设置情况，主要包括：消防站设置情况，如消防站、消防车、消防人员、移动式消防设备、通信设备等；消防水系统与泡沫系统，如消防水源、消防泵、泡沫液储罐、消防给水管道、消防管网的分区阀门、消火栓、泡沫栓，消防水炮、泡沫炮、固定式消防水喷淋等；油罐区、液化烃罐区、危险化学品罐区、装置区等设置的固定式和半固定式灭火系统；甲、乙类装置、罐区、控制室、配电室等重要场所的火灾报警系统；生产区、工艺装置区、建构筑物的灭火器材配置；其他消防器材。

(3)固定式与移动式消防设施、器材和消防道路的现场状况。

10.公用工程系统

(1)给排水、循环水系统、污水处理系统的设置与能力能否满足各种状态下的需求。

(2)供热站及供热管道设备设施、安全设施是否存在隐患。

(3)空分装置、空压站位置的合理性及设备设施的安全隐患。

(五)隐患治理与上报

1.隐患级别

事故隐患可按照整改难易及可能造成的后果严重性，分为一般事故隐患和重大事故隐患。一般事故隐患，是指能够及时整改，不足以造成人员伤亡、财产损失的隐患。对于一般事故隐患，可按照隐患治理的负责单位，分为班组级、基层车间级、基层单位(厂)级直至企业级。重大事故隐患，是指无法立即整改且可能造成人员伤亡、较大财产损失的隐患。

2.隐患治理

(1)企业应对排查出的各级隐患，做到"五定"，并将整改落实情况纳入日常管理进行监督，及时协调在隐患整改中存在的资金、技术、物资采购、施工等各方面问题。

(2)对一般事故隐患，由企业[基层车间、基层单位(厂)]负责人或者有关人员立即组织整改。

(3)对于重大事故隐患，企业要结合自身的生产经营实际情况，确定风险可接受标准，评估隐患的风险等级。

(4)重大事故隐患的治理应满足以下要求：

1)当风险处于很高风险区域时，应立即采取充分的风险控制措施，防止事故发生，同时编制重大事故隐患治理方案，尽快进行隐患治理，必要时立即停产治理；

2)当风险处于一般高风险区域时，企业应采取充分的风险控制措施，防止事故发生，并编制重大事故隐患治理方案，选择合适的时机进行隐患治理；

3)对于处于中风险的重大事故隐患，应根据企业实际情况，进行成本—效益分析，编制重大事故隐患治理方案，选择合适的时机进行隐患治理，尽可能将其降低到低风险。

(5)对于重大事故隐患，由企业主要负责人组织制定并实施事故隐患治理方案。重大事故隐患治理方案应包括：治理的目标和任务；采取的方法和措施；经费和物资的落实；负责治理的机构和人员；治理的时限和要求；防止整改期间发生事故的安全措施。

(6)事故隐患治理方案、整改完成情况、验收报告等应及时归入事故隐患档案。隐患档案应包括以下信息：隐患名称、隐患内容、隐患编号、隐患所在单位、专业分类、归属职能部门、评估等级、整改期限、治理方案、整改完成情况、验收报告等。事故隐患排查、治理过程中形成的传真、会议纪要、正式文件等，也应归入事故隐患档案。

3. 隐患上报

(1)企业应当定期通过“隐患排查治理信息系统”向属地安全生产监督管理部门和相关部门上报隐患统计汇总及存在的重大隐患情况。

(2)对于重大事故隐患，企业除依照前款规定报送外，应当及时向安全生产监督管理部门和有关部门报告。重大事故隐患报告的内容应当包括：隐患的现状及其产生原因；隐患的危害程度和整改难易程度分析；隐患的治理方案。

事故隐患后果定性分级方法见表 5-1，重大事故隐患风险评估矩阵如图 5-1 所示。

表 5-1　事故隐患后果定性分级方法

很低后果	
人员	轻微伤害或没有受伤；不会损失工作时间
财产	损失很小
声誉	企业内部关注；形象没有受损
较低后果	
人员	人员轻微受伤，不严重，可能会损失工作时间
财产	损失较小
声誉	社区、邻居、合作伙伴影响

中等后果	
人员	3 人以上轻伤,1～2 人重伤
财产	损失较小
声誉	本地区内影响:政府管制,公众关注负面后果
高后果	
人员	1～2 人死亡或丧失劳动能力;3～9 人重伤
财产	损失较大
声誉	国内影响:政府管制,媒体和公众关注负面后果
非常高的后果	
人员	死亡 3 人以上
财产	损失很大
声誉	国际影响

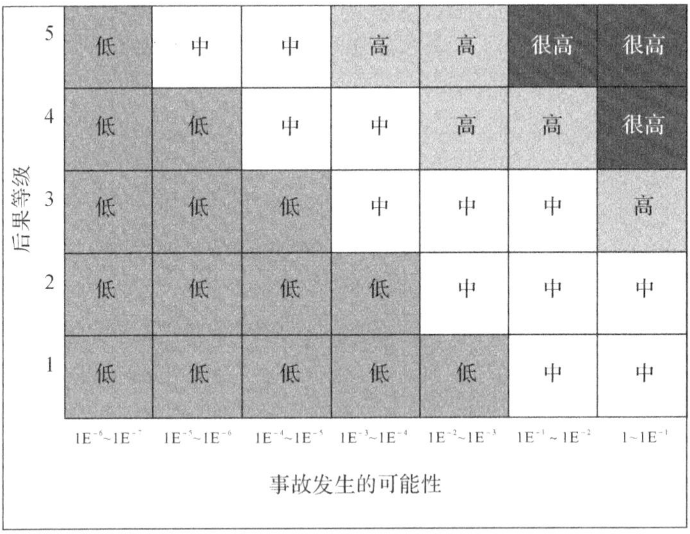

后果等级							
5	低	中	中	高	高	很高	很高
4	低	低	中	中	高	高	很高
3	低	低	低	中	中	中	高
2	低	低	低	低	中	中	中
1	低	低	低	低	低	中	中
	$1E^{-6}$~$1E^{-7}$	$1E^{-5}$~$1E^{-6}$	$1E^{-4}$~$1E^{-5}$	$1E^{-3}$~$1E^{-4}$	$1E^{-2}$~$1E^{-3}$	$1E^{-1}$~$1E^{-2}$	1~$1E^{-1}$
	事故发生的可能性						

图 5-1　重大事故隐患风险评估矩阵图

第二节　石油化工企业安全检查

安全检查是一种被广泛应用的方法，用来发现企业生产过程中存在的安全隐患，进而实施改进，从而避免可能发生的损失。对于企业来讲，建立一个有效的安全检查信息，能够帮助企业管理者以及员工及时发现作业现场存在的事故隐患，并迅速地做出改进，降低或者消除事故的隐患，减少损失，从而保证企业的平稳发展。

一、安全检查规定

国家安全生产监督管理总局为了规范危险化学品的生产、储存、运输、使用，保障企业的安全生产，陆续颁发了一系列有关危险化学品生产、储存、运输、使用的规章、规范标准。这些法律、法规规章规定以及标准，是进行安全检查的依据，具体规定如下：

(1)安全检查的主要任务是进行危害识别，查找不安全因素和不安全行为基础消除和或不安全因素的方法和纠正不安全行为的措施。

(2)安全检查主要包括安全管理检查和现场安全检查两个部分。

1)安全管理检查的主要内容包括：检查各级领导对安全生产工作的认识，各级领导研究安全工作的记录，安委会工作会议纪要等；安全生产责任制、安全生产管理制度等修订完善情况、各项管理制度落实的情况、安全基础工作落实的情况；检查各级领导和管理人员的安全法规教育和安全生产管理的资格教育是否达到要求；检查员工的安全意识、安全知识以及特殊作业的安全技术的知识教育是否达标。

2)现场安全检查的主要内容包括：按照工艺、设备、储运、电气、仪表、消防、检维修、工业卫生等专业的标准、规范、制度等，检查生产、施工现场是否落实，是否存在安全隐患；检查企业各级机构和个人的安全生产责任制是否落实，检查员工是否认真执行各项安全生产纪律和操作规范；检查生产、检修、施工等直接作业环节各项安全生产保证措施是否落实。

(3)安全检查应按照国家现行规范标准和单位有关规定执行。

(4)安全检查分为外部检查和内部检查。外部检查是指按照国家职业安全卫生法规要求进行的法定监督、检查和政府部门组织的安全督察。内部检查是单位内部根据生产情况开展的计划和临时性自查活动。

(5)内部检查主要有综合性检查、日常检查和专项检查等形式。

1)综合性检查。综合性安全检查是以落实岗位安全责任制为重点,各专业共同参与的全面检查,对直属企业至少每年组织检查或抽查一次;直属企业至少每半年组织一次;二级单位至少每季组织一次;基层单位至少每月组织一次。

2)日常检查。日常检查包括班组、岗位员工的交接班检查和班中巡回检查,以及基层单位领导和工艺、设备、安全等专业技术人员的经常性检查。各岗位应严格履行日常检查制度,特别应对关键装置要害部位的危险点源进行重点检查和巡查,发现问题和隐患,及时报告有关部门解决,并做好记录。

3)专项检查。专项安全检查包括季节性检查、节日前检查和专业性检查。

季节性检查是根据各季节特点开展的专项检查。春季安全大检查以防雷、防静电、防解冻跑漏为重点;夏季安全大检查以防暑降温、防食物中毒、防台风、防洪防汛为重点;秋季安全大检查以防火、防冻保温为重点;冬季安全大检查以防火、防爆、防煤气中毒、防冻防凝、防滑为重点。

节日前检查主要是节前对安全、保卫、消防、生产准备、备用设备、应急预案等进行的检查,特别是应对节日干部、检维修队伍值班安排和原辅料、备品备件、应急预案落实情况进行重点检查。

专业性检查主要是对锅炉、压力容器、电气设备、机械设备、安全装备、监测仪器、危险物品、运输车辆等系统分别进行的专业检查,以及在装置开、停工前、新装置竣工及试运转等时期进行的专项安全检查。

(6)企业应当认真对待各种形式的安全检查,正确处理内外安全检查的关系,坚持综合检查、日常检查和专项检查相结合的原则,做到安全检查制度化、标准化、经常化。

(7)对法定的检测检验和相关部门的督查,企业应积极配合,认真落实规范要求。按照规范标准定期开展法定检测工作。

(8)开展安全检查,应由企业的直属领导负责参加安全检查,提出明确目的和计划,并且参加安全检查的人员需熟悉有关标准和规范。

(9)安全检查应依据充分、内容具体,必要时编制安全检查表,按照安全检查表科学、规范地开展检查活动。

(10)安全检查要认真填写检查记录,做好安全检查总结,并按要求报主管部门,对查处的隐患和问题,检查组应向被检单位提交相关清单。

(11)被查出的问题应立即落实整改。暂时不能整改的项目,除采取有效防范措施外,应纳入计划,落实整改。对确定为隐患的管理项目,应按照事故隐患治理项目管理规定执行。

(12)对隐患和问题的整改情况应进行检查、跟踪、督促落实,形成闭环管理。

二、安全检查要求

(一)安全管理检查范围及内容

1.各级安全生产责任制的落实情况

安全生产责任制是根据我国的安全生产方针“安全第一,预防为主,综合治理”和安全生产法规建立的各级领导、职能部门、工程技术人员、岗位操作人员在劳动生产过程中对安全生产层层负责的制度。包括:经理(厂长)、副经理(副厂长)、安全总工程师、安全副总工程师等领导安全职责;各专业职能部门的安全职责;车间负责人的安全职责。

2.安全管理制度执行情况

安全生产管理制度是一系列为了保障安全生产而制定的条文 。它建立的目的主要是控制风险 ,将危害降到最小,安全生产管理制度也可以依据风险制定。包括:安全教育制度、事故管理制度,用火管理等直接作业环节安全管理制度;关键装置和重点生产部位安全管理制度;事故隐患治理制度;劳动承包人员管理制度。

3.安全管理基础工作

包括建立纵向管理、横向各职能部门管理以及与群众监督相结合的安全管理体制,以企业安全生产责任制为中心的规章制度体系,安全生产标准体系,安全技术措施体系,安全宣传及安全技术教育体系,应急与救灾救援体系,事故统计、报告与管理体系,安全信息管理系统,制定安全生产发展目标、发展规划和年度计划,开展危险源辨识、评估评价和管理,进行安全技措经费管理等。

(二)安全管理检查方式

(1)查阅国家发布的有关安全生产的法律法规。

(2)查阅上级下发的有关安全生产的文件、技术标准等。

(3)查阅本单位印发的安全生产文件、会议纪要、规章制度等。

(4)查阅经理(厂长)办公研究安全生产的会议纪要、安全生产委员会会议记录。

(5)查阅生产调度会会议记录。

(6)查阅危险点检查记录,隐患治理记录。

(三)现场安全检查的范围及内容

(1)被检查单位厂容厂貌。

(2)抽查关键装置、要害部位、重点车间、重点设备、重点实验室、重点辅助车间、安全装置与警示标志。

(3)抽查生产现场状况、现场作业和现场巡检。

(4)抽查油品罐区、液化气罐区、装卸区、码头及安全设施。

(5)抽查工艺纪律、操作纪律执行情况。

(6)抽查锅炉、压力容器、压力管道、安全附件、关键机组、机泵的安全管理。

(7)抽查可燃气体报警器、有毒气体报警器、仪表连锁保护系统的安全管理。

(8)抽查各类固定、半固定消防设施、消防装备、消防车辆、消防道路管理。

(9)抽查施工作业现场的高处作业、临时用电作业、起重作业、焊接作业、放射源探伤作业等施工机具作业管理。

(四)现场安全检查方法

1.现场询问

(1)随机找现场人员,包括车间负责人、班组长,操作工,询问或者核实安全生产情况。

(2)召开小型一线干部、职工基层人员安全生产情况座谈会。

(3)访问、倾听基层人员反映的安全生产和职业健康问题。

2.现场抽样查证或演练

(1)抽样查证关键岗位人员的持证上岗情况和安全培训情况。

(2)抽样查证关键岗位的安全操作规程和操作记录。

(3)抽验查证关键岗位的安全技术装备完好状态(如灭火器、消防栓、水喷淋系统、静电测试仪、电视监控和报警系统等)和检验有效期。

(4)抽样查证压力容器、安全阀状态及检验合格证。

(5)抽样查证事故应急救援议案和关键岗位人员演练情况,抽烟查证防护用品及消防器材掌握情况。

(6)必要时临时进行消防演练、救护演练和事故应急预案演习。

(六)生产安全事故隐患的确定

(1)危害识别、风险评价和风险控制工作开展情况。

(2)各级生产安全事故隐患的确定和治理情况。

(3)正确判定目前存在的生产安全危害及以及限期整改的要求。

三、石油化工生产企业安全检查相关事项

在石油化工生产企业中,由于易燃、易爆、有腐蚀性、有毒的物质多,高温、高压设备多,工艺复杂,操作过程要求严格,安全生产检查作为安全管理工作中一项重要内容,它不仅可以消除隐患,防止事故发生,还可以发现石油化工企业生产过程中的危险因素,以便有计划地是制定纠正措施,保证生产的安全,所以说,安全检查是保证企业安全生产的一个重要手段,运用得好可以起到事半功倍的效果。

(一)安全生产检查的类型

安全检查通常按以下六种类型开展,具体如下:

(1)定期安全检查。通过有组织、有计划、有目的的形式,固定日期和频次进行检查来发现并解决问题。

(2)经常性安全检查。通过采取日常的巡视方式,经常对各个生产过程进行预防检查,及时发现并消除隐患。

(3)季节性安全检查。针对不同的季节变化,按照事故发生的规律,重点对冬季防寒、防火、防煤气中毒,夏季防暑、降温、防汛、防雷电等进行检查。重大节日前后,职工忙于过节,注意力不集中,难免造成诸多不安全的因素,必须严格检查并杜绝安全隐。

(4)专项检查。对某些专业或者专项问题以及某些部位存在的普遍问题,进行单项的定期或定量检查。通过检查发现问题,制定整改方案,及时进行技术改造。

(5)综合性大检查。一般主管部门或公司监督组对全公司各个单位进行综合的检查。

(6)车间、班组、员工等的自查。车间人员对现场了如指掌,工作过程中有什么异常情况,安全隐患都能及时发现。开展车间安全自查,保证事故隐患在

第一时间得到整改，维持生产的正常进行。

(二)安全生产检查内容之“五查”“五看”

1. 查设备，看安全保护措施是否到位，有无故障和异常

(1)各类升降设备(电葫芦、卷扬机、升降机等)的完好性。

(2)锅炉等压力容器及安全附件运行是否完好，是否在有效期。

(3)电梯的可靠性、运行情况及有效期。

(4)厂内交通工具的安全运行(是否带阻火器、按照指定路线行驶的)。

(5)各类用电设备有无故障或缺陷及其防爆状况。

(6)移动式电动设备有无漏电保护装置。

(7)各类转动设备运行状况是否正常等。

(8)报警设施、气体探测设施的可靠性。

2. 查物料，看存用是否符合标准，有无泄露和包装异常

(1)原物料储存的位置、储存量是否符合要求，是否有防暑降温或防冻措施。

(2)物料储存有无泄漏现象等，易制毒品、剧毒品的储存、领取是否按规定程序执行、

(3)生产区储罐存放物料是否超量、温度是否在正常范围。

(4)库房物料储存是否符合规定要求。

(5)气瓶的存放及使用是否符合规范要求。

(6)研发、经管部门的化学试剂的存放是否规范。

3. 查管道，看是否完好无损，有无跑、冒、滴、漏和损坏

(1)各类放料、抽料临时管线连接的可靠性。

(2)防静电跨接完好情况。

(3)各排空阀、呼吸阀、安全阀是否正常。

(4)压力表、真空表、温度计等计量器的完好情况。

(5)各类管线有无跑、冒、滴、漏现象。

(6)冷、热管线的保温是否完好。

(7)检查地沟等地下空间的含氧量、气体的浓度是否符合要求。

4. 查工艺，看是否按规程操作，有无明显偏差和违规

(1)操作是否遵守安全操作规程。

(2)是否严格执行岗位操作规程。
(3)是否严格控制工艺指标。
(4)是否认真记录生产过程。
(5)工作器具是否制定化管理。
(6)岗位有无适用物料的安全数据说明书并进行学习。
(7)是否认真进行巡回检查。
(8)是否严格交接班。

5.查人员,看是否按要求在职履责,有无违纪现象

(1)人员的安全意识。
(2)是否按要求佩戴劳动用具,着装是否整齐。
(3)是否违章操作,野蛮操作。
(4)员工是否做到“四懂三会”,正确操作设备。
(5)是否遵守劳动纪律,不离岗、睡岗、单岗或做与生产无关的事。
(6)是否酒后上岗,是否疲劳上岗。
(7)上岗是否不携带火种、不接打手机、不上网或玩游戏。
(8)进行特殊作业是否落实安全防护措施并办理特殊作业许可证。

(三)安全生产检查需要“三个纠正”

安全生产检查的本质是安全,对于企业员工来讲,思想是人的本质,从根本上去纠正不正确、不规范的思想和行为,也能有效地防止事故发生,保证安全生产。

1.纠正员工的麻痹思想

有些员工在实际生产过程中,对安全生产的重要性认识不够,对安全措施和安全规定感到麻烦,认为多此一举,存在着麻痹思想和侥幸心理,不遵守操作规程,不按照安全要求操作或者当生产与安全出现冲突时,有重生产轻安全的思想。这往往会导致事故的发生,因此,要高度重视安全生产,纠正麻痹思想,牢固树立“安全生产第一”的思想,实行安全优先的原则,确保生产目标的安全实现。

2.纠正想当然的思想

在生产作业中经常有习惯性违章的现象,出现习惯性违章的人员,大多数老员工。习惯性违章,致使错误的理念顽固地延续下去,正确的操作得不到执

行。也就是说，违章得不到纠正，隐患一直存在，根据因果关系原则，事故的发生是许多因素相互影响，连续发生的最终结果。只要有诱发事故的因素存在，发生事故就是必然的，只是时间早迟的问题。这种习惯性违章是导致事故发生的必然因素，因此，必须纠正和杜绝想当然的习惯，养成良好的行为习惯和操作习惯。

3.纠正拖拉推脱的作风

安全无小事，一个小的隐患得不到及时的整改，就可能成为一起大事故的导火索。安全工作的中心就是防止不安全行为，消除设备物质的不安全状态，中断事故连锁的进程，从而避免事故的发生。对安全检查中发现的隐患进行积极有效的整改，就是中断事故进程，消除事故可能性。拖拉、推诿的工作作风，只能导致隐患继续存在，得不到整改，使事故的苗头得不到遏制，条件一旦具备，事故就会发生。因此，必须纠正拖拉推脱的作风，提高执行行为，树立雷厉风行的工作作风。

第三节　石油化工企业VOCs隐患治理及防控

石化企业生产过程中所涉及的原料、中间体、产品及副产品大多有高毒有害、易燃易爆、强腐蚀性等特性，且储存量大、储存集中，生产、储存和运输都可能处于高温、高压、高流速等不利条件下进行，控制参数多且不易控制，反应釜、储存罐、运输管道和封闭场所极易可能发生易燃易爆气体和液体的泄露，而生产区域设备繁多，环境相对狭小，一旦遇到高温热源、明火和电火花等极可能发生火灾、爆炸和中毒等重大生产事故。与其他行业相比，石油化工企业生产各个环节具有很多不确定的因素，所以易发生严重的事故。因此，石油化工生产企业应及时排查治理事故隐患，保障设备设施的安全运行。

一、事故隐患治理方法

(一)危害识别和风险评价工作存在的问题原因

1.岗位员工工作活动的危险因素识别过于粗略

如何对作业活动进行分类，是能否充分识别危害因素的前期条件。如果在识别危害因素时，对作业活动的划分非常粗略，就可能造成部分危害因素出现被遗漏情况。部分岗位员工，在识别本岗位的危害因素时，未能仔细分析作业活动每个过程中，存在的危害因素。只对比较集中出现的情况进行分析，例如，在分析储罐的有限空间危害因素时，只是分析的中毒、窒息、高处坠落等风险，未能识别出还存在的物体打击、火灾、爆炸等风险。

2.危害识别与评价人员不能作出客观评价

一般评价的程序是：首先，各部门先识别出本部门的危害因素；然后，由安全管理人员汇总，部门组织评审，确定评价方法和提出削减措施；最后，由单位组织汇总、评价和制定评价结论。可见，危害因素识别最基础的工作是由各个部门来完成。但是，评价人员虽然有相关学习，常常因为其对相关专业知识的掌握还不够全面，在评价过程中，运用的评价方法过于单一，提出的整改措施也仅仅停留在人的不安全行为层面上，对物对于物的不安全状态和本质安全评价相对较少。

3.未识别出非常规活动的危害因素

所谓非常规活动，应包括两种类型：一种是异常活动，如设备检修、设备停机、设备关机等；另一种是紧急情况，如压力容器减压阀失灵可能导致爆炸的发生，动用明火可能导致火灾的发生，金属焊接、切割产生的高温焊渣发可能导致火灾的发生等。非常规活动中的危害因素是进行危害识别时最容易忽略的内，而根据近年来国内安全事故的原因因素统计，相当一部分安全事故都是在非常规活动中发生。识别出非常规活动中的危害因素，对安全事故的预防、规避事故风险都有重要的意义。

4.未考虑员工心理因素方面的危害因素

从安全心理学的角度来看，可能成为事故隐患的心理因素，大致包括侥幸心理、惰性心理、麻痹心理、逆反心理、逞能心灵以及冒险心理等。

在组织识别危害因素时，对机械设备、化工物质、噪声等类别危害关注较多。但对员工心理方面的危害因素，因其具有较强的抽象性、主观性和隐蔽性，难以发现而关注较少。实际上，心理因素导致的风险是比较大的，可能引发的安全事故后果也是相当严重的。

5.未考虑以往发生过的事故案例

曾经发生安全事故的作业活动和同行业曾发生过的安全事故，在危害识别时，应特别关注。但由于各部门人员变化频繁，事故纪录不全，没有专门人员收集整理本单位曾发生过的安全事故，也没有收集同行业相似企业的各类事故案例，而仅仅关注了近期可查的安全事故，因此，出现安全信息获取、沟通不畅，不了解同类或相似企业活动曾发生过的安全事故。

（二）危害识别和风险评价工作改进措施

在今后的危害识别和风险评价工作中，针对存在的问题需要采取以下改进措施。

1. 岗位员工重视危害识别和风险评价工作，细分作业活动

（1）要提高员工对危害识别和风险评价的重视，把岗位危害识别和评价工作，当作自身工作的一部分认真对待。设计的各专业人员，要是从设计本质安全化角度出发分析自身岗位的危害。采购的专业人员，要从设备和设施的本质、安全管理缺陷和员工不安全行为上，进行危害识别。

（2）尽可能细分作业活动，挖掘出隐含在作业活动细节中的危害因素。从推行职业健康安全管理体系的实践来看，对细节问题的把握程度，决定了危害因素的识别的充分性，也影响了风险评价、风险控制等后续活动是否能有效进行。

2. 加强对各部门危害评价人员的培训

危险源识别是一项专业性强的工作，识别者不仅要熟悉体系文件的要求，还要了解电气、机械、化学、心理等相关专业的知识。因此，应加强对各部门危害评价人员的培训，确保其能力能达到充分识别危险源的要求。每次危害因素识别前，应由安全管理人员，对识别人员进行体系文件和相关知识的培训。

3. 重点关注非常规作业

从总体状态划分来看，可以将其分为正常、异常和紧急三种状态。其中，常规作业为正常状态，非常规作业包括异常和紧急状态两种。所谓异常状态，包括设备故障维修、定期保养。紧急状态包括突然的停电和供电、火灾、爆炸、化学品泄漏等。所以，在危害因素识别时，应充分考虑该工、种岗位在非常规状态下的风险，将其列入识别的目录，以便采取切实可行的控制措施。

4. 充分考虑员工的心理素质

危害因素识别不仅仅考虑到看得见、摸得着的设备、工具等因素，还要考虑员工的心理因素，遗漏了心理性危险源的识别也是不充分的。在进行危害

识别时，应当结合岗位的特点，分析对员工心理因素方面的要求，并通过与员工交流，了解员工的心理特点。把心理因素纳入识别的目录中，所以，在危害识别时，应该识别“未仔细检查”这一因素。

5.充分考虑以往发生过的事故

曾经发生过的事故留给人们是惨痛的教训，每天事故后都应该分析事故和提出对应的预防方案。在进行危害因素识别时，查找安全事故台账，明确曾经引发事故的安全隐患，并将其列入危害因素清单。同时，还应积极通过政府安全生产监督管理部门等渠道，了解同类企业曾发生的安全事故，并以此为参考，充分认识本岗位的危害因素。

总之，在进行危害识别时，应充分考虑各方面的因素，尽量避免危害的遗漏，保证识别的充分性，为安全生产作业打下坚实的基础。

二、事故隐患治理项目管理规定

（一）总则

（1）为规范事故治理项目的管理，根据《安全生产法》等法律法规要求制定相应的规定。

（2）事故隐患治理项目应纳入生产企业年度投资计划进行管理。

（3）制定的规定适用于生产企业事故隐患治理项目。

（二）隐患项目的界定

下列固定资产投资项目可以定为隐患项目。

（1）生产设施和公共场所存在的不符合国家和单位安全生产法规、标准、规范、规定要求的隐患。

（2）可能直接导致人员伤亡、火灾爆炸造成事故扩大的生产设施、安全设施等存在的隐患。

（3）可能造成职业病或者职业中毒的隐患。

（4）生产企业单位下达重大隐患整改项目整改通知书要求治理的隐患。

（5）预防可能造成事故灾害扩大的固定资产投资项目。

（6）新投资的项目从项目的验收后三年后发现的问题，原则上不作为隐患项目。

（7）通过设备更新、装置正常减维修解决的问题，不得列入隐患项目。

(三)隐患项目的决策程序

(1)隐患项目决策程序包括隐患评估、项目申报、项目审批和计划下达。

1)隐患评估应由其他领导主管、职能部门和具有实际工作经验的工程技术人员组成评估小组或单位认为有资质的评估机构，以国家和行业安全法规、标准、规范以及单位安全生产监督管理制度为依据，提出评估整改意见或作出评价报告。

2)隐患评估内容应包括现状分析、存在的主要问题、风险以及危害和结论性意见等。

3)经评估确定的隐患，应编报隐患项目的可行可研报告，主要包括不同治理方案的比较和选择，具体治理工作量、治理方案的安全性和可靠性分析、投资概算、治理进度安排，等等。

4)投资概算应按企业相关规定编制。

5)在隐患评估、可研报告的基础上，按照企业编制的年度固定资产投资项目计划的总体要求，结合本企业的实际情况，提出隐患项目的治理计划以及投资计划，并列入下一年的固定资产投资项目计划中。企业隐患项目及投资计划应在每年9月底之前，分别报企业财务计划部、企业经营管理部和安全环保局。

6)隐患项目的审批应按企业固定资产投资决策程序及管理办法程序执行。

(2)限额以上的隐患项目，应按有关规定的程序报企业安全环保局和企业经营管理部门审查后，由财务计划部按规定资产投资决策，批准项目建议书和可行性研究报告。

(3)投资在限额以下的隐患项目，企业将可行性研究报告报安全环保局，经企业经营管理部审批，并抄报财务计划部。

(4)经由上述程序确定的隐患项目，由安全环保局提出年度隐患项目资金补助计划，经企业有关职能部门会签后，以企业单位文件下发。

(四)隐患项目的计划管理

(1)隐患项目列入直属企业当年固定资产投资项目计划，并报企业相关职能部门。

(2)企业计划部门应严格按企业固定资产决策程序及企业管理办法申报隐患项目，不得将隐患项目化整为零，改变审批渠道。隐患项目由企业安全部门对口管理。

(3)凡是企业批准列入计划的隐患项目，企业要认真按照“隐患治理项目限期整改责任制”的要求，组织力量实施，做好当年需要实施完成的，而且向安全环保局专题报告。

(4)在应急状态下必须进行整改的隐患项目，各个企业可在进行治理的公司申报隐患项目，对不按规定资产投资项目决策程序要求，先开工后报批的隐患项目，企业不得补批。

(5)凡是未列入固定资产投资项目计划，又未经企业有关部门审查的隐患项目，企业可以不予立项。

(五)隐患项目的分级监管

(1)根据隐患项目的重要程度及投资规模，按照总部监督，分级管理，企业负责的三级监管原则，凡列入企业年度投资计划的隐患项目，由安全环保局提出总部重点监督项目、总部部门重点监管项目和企业负责监管项目。

(2)总部重点监管项目负责人为总部领导，主管部门分为总部相关职能管理部门，督查部门为环安全环保局。

(3)总部部门监管项目负责人为项目所在企业处的领导，主管部门分别为总部相关职能管理部门，督察部门为安全环保局。

(4)企业负责监管项目由企业相关部门负责组织实施，企业安全监督管理部门监督检查。

(5)属于企业级隐患治理的项目，由企业自行对向治理。

(六)隐患项目的实施管理

隐患的实施管理按以下要求进行：

(1)隐患治理项目以及资金计划下达后，企业并按照单位固定资产投资项目实施管理办法组织实施。

(2)企业应建立隐患治理工作例会制度，定期召开隐患治理项目专题会，施工部门确保施工进度，财务部门确保资金到位，安全监督管理部门对隐患治理项目工作进行全过程监督管理，确保按时完成隐患治理年度计划。

(3)企业对隐患项目的管理，应做到“四定”(定整改方案、定资金来源、定项目负责人、定整改期限)。企业主要负责人对隐患项目的实施负有主要责任，企业分管领导对隐患整改方案负责。

(4)不能及时治理的隐患，企业应采取切实有效的安全措施加以监控。

(5)隐患治理项目及资金计划下达后，企业按上月份列入隐患治理计划的隐患项目的实施进度情况实施。

(6)企业下达隐患项目及资金计划后，企业不得擅自变更项目、投资、完成期限或将资金用于其他地方。

(7)企业安全环保局负责隐患项目实施情况的督查、检查。

(七)隐患项目的验收考核

(1)重大隐患治理项目竣工验收，由安全环保局组织或委托企业组织验收。

(2)在验收隐患治理项目后，企业仍将竣工验收报告、竣工验收表连同补助项目的财务决算一并上报企业安全环保局。

(3)项目验收合格后，企业生产、设备部门应制定相应的规章制度，组织操作人员学习，纳入正常的维护管理。

(4)企业隐患项目完成情况，列入企业年度安全评比、考核兑现内容。未能按时完成治理任务的企业将被扣分，因隐患治理不力造成事故的，将追究有关人员责任。

三、安全环保事故隐患管理办法

(一)总则

(1)为加强企业生产安全事故隐患和环境安全隐患(简称"安全环保事故隐患")管理，建立安全环保事故隐患排查治理长效机制，预防和减少事故，依据《中华人民共和国安全生产法》《中华人民共和国环境保护法》等有关法律法规等有关规章制度，制定本办法。

(2)本办法适用于专业分公司及其直属企事业单位和全资子公司(统称所属企业)的安全环保事故隐患管理。

(3)本办法所称生产安全事故隐患，是指不符合安全生产法律、法规、规章、标准、规程和安全生产管理制度的规定，或者因其他因素在生产经营活动中存在可能导致事故发生或者导致事故后果扩大的物的危险状态、人的不安全行为和管理上的缺陷。

环境安全隐患，是指不符合环境保护法律、法规、标准、管理制度等规定，或者因其他因素可能直接或者间接导致环境污染和生态破坏事件发生的违法违规行为、管理上的缺陷或者危险状态。

安全环保事故隐患按照整改难易及可能造成后果的严重性，分为一般事故隐患和重大事故隐患。一般事故隐患，是指危害和整改难度较小，发现后能够及时整改排除的隐患。重大事故隐患，是指危害和整改难度较大，应当全部或者局部停产停业，或者监控运行，并经过一定时间整改治理方能排除的隐患，或者因外部因素影响致使本单位自身难以排除的隐患。

(4)安全环保事故隐患管理工作实行专业分公司和所属企业分级负责体制。在企业统一领导下，专业分公司负责组织协调本专业事故隐患排查治理工作，所属企业是事故隐患排查、治理和监控的责任主体，负责建立健全事故隐患排查治理制度，采取技术、管理措施，及时发现并消除事故隐患。

(5)安全环保事故隐患管理工作遵循以下原则：

1)环保优先、安全第一、综合治理；

2)直线责任、属地管理、全员参与；

3)全面排查、分级负责、有效监控。

(二)机构与职责

(1)安全环保与节能部是安全环保事故隐患排查治理工作的综合监督管理部门，主要履行以下职责：

1)组织制修订安全环保事故隐患管理规章制度；

2)组织界定安全环保事故隐患治理项目；

3)督促安全环保事故隐患管理工作，协调专业分公司、所属企业安全环保事故隐患排查治理工作中的重大问题；

4)对安全环保事故隐患管理工作进行考核；

5)负责安全环保事故隐患信息管理子系统的管理。

(2)总部机关有关部门主要履行以下职责：

1)规划计划部门负责资本化安全环保事故隐患治理项目投资计划的下达和权限范围内资本化事故隐患治理项目的审批，以及项目后评价工作；

2)财务部门负责安全环保事故隐患治理费用预算管理和会计核算管理；

3)资金部门负责安全环保事故隐患治理专项资金的安排和拨付，并对专项资金使用情况进行监管；

4)审计部门对安全环保事故隐患治理项目管理及资金使用情况进行专项审计；

5)矿区服务工作部门负责矿区安全环保事故隐患治理工作。

总部机关其他部门按照职责分工，负责做好业务范围内的安全环保事故隐患管理工作。

(3)专业分公司负责本专业安全环保事故隐患管理工作，主要履行以下职责：

1)组织编制和上报本专业安全环保事故隐患治理建议计划；

2)负责权限范围内事故隐患治理项目审批和组织开展后评价工作；

3)指导本专业安全环保事故隐患管理工作，监督检查事故隐患治理项目实施情况，对重点项目进行挂牌督办；

4)协调解决本专业安全环保事故隐患排查治理工作中的重大问题。

(4)所属企业是安全环保事故隐患管理的责任主体，主要履行以下职责：

1)制修订本单位安全环保事故隐患管理规章制度，逐级建立并落实从主要负责人到岗位员工的事故隐患排查治理和监控责任制；

2)定期开展安全环保事故隐患排查，如实记录和统计分析排查治理情况，按规定上报并向员工通报；

3)组织编制和上报本单位安全环保事故隐患治理建议计划；

4)负责权限范围内事故隐患治理项目审批和组织开展后评价工作；

5)编制安全环保事故隐患治理方案，并组织实施；

6)监督、检查和指导本单位安全环保事故隐患排查治理工作；

7)负责本单位安全环保事故隐患监控措施的落实和事故隐患治理的跟踪检查，并分级挂牌督办；

8)建立健全本单位安全环保事故隐患排查治理信息档案。

(5)所属企业主要负责人是本单位安全环保事故隐患排查治理工作的第一责任人，对本单位事故隐患排查治理工作全面负责，督促、检查本单位的安全环保工作，及时消除事故隐患。

(6)所属企业应当明确本单位规划计划、财务预算、生产组织、工艺技术、机动设备、工程建设、安全环保等职能部门在安全环保事故隐患排查治理工作中的职责，做到责任明确、任务具体、齐抓共管。

(7)所属企业将建设项目、场所、设备进行发包、出租的，应当与承包、承租单位签订安全生产(HSE)合同，并在合同中明确各方对安全环保事故隐患的排查、治理和监控职责。所属企业对承包、承租单位的事故隐患排查治理工作统一协调、管理，定期进行检查，及时督促整改发现的问题。

(三)安全环保事故隐患排查与评估

(1)所属企业应当定期开展安全环保事故隐患排查工作，对排查出的事故隐患进行登记、评估，按照事故隐患等级建立事故隐患信息档案，并按照职责分工实施监控治理。

(2)所属企业安全环保事故隐患排查工作应当与日常管理、专项检查、监督检查、HSE体系审核等工作相结合，可以采取以下方式：

1)日常事故隐患排查；

2)综合性事故隐患排查；

3)专业性事故隐患排查；

4)季节性事故隐患排查；

5)重大活动及节假日前事故隐患排查；

6)事故类比隐患排查；

7)其他方式。

(3)所属企业在安全环保事故隐患排查时，可以选用现场观察、工作前安全分析(JSA)、安全检查表(SCL)、危险与可操作性分析(HAZOP)、故障树分析(FTA)、事件树分析(ETA)等技术方法。

(4)安全环保事故隐患排查频次：

1)现场操作人员应当按照规定的时间间隔进行巡检，及时发现并报告事故隐患。

2)基层班组应当结合班组安全活动，至少每周组织一次事故隐患排查。

3)车间(站队)应当结合岗位责任制检查，至少每月组织一次事故隐患排查。

4)所属企业下属单位应当根据季节性特征及本单位的生产实际，至少每季度开展一次事故隐患排查，重大活动及节假日前应当进行一次事故隐患排查。

5)所属企业至少每半年组织一次综合性事故隐患排查，重大活动及节假日前应当进行一次事故隐患排查。

涉及重点监管危险化工工艺、重点监管危险化学品和重大危险源的“两重点一重大”危险化学品生产、储存企业，应当每五年至少开展一次危险与可操作性分析(HAZOP)。

(5)当出现以下情形时，所属企业应当及时组织安全环保事故隐患排查：

1)颁布实施有关新的法律法规、标准规范或者原有适用法律法规、标准规范重新修订的；

2)组织机构和人员发生重大调整的；

3)区域位置、物料介质、工艺技术、设备、电气、仪表、公用工程或者操作参数等发生重大改变的；

4)国家、地方政府有明确要求或者外部环境发生重大变化的；

5)发生安全环保事故或者获知同类企业发生安全环保事故的；

6)气候条件发生重大变化或者预报可能发生重大自然灾害。

(6)所属企业应当对排查出的安全环保事故隐患进行登记，及时录入安全环保事故隐患信息管理子系统，每季、每年对本单位事故隐患排查治理情况进行统计分析，并按照国家的有关规定报告。

(7)所属企业应当成立安全环保事故隐患评估领导小组，由主管领导牵头，职能部门和事故隐患所在单位及有关专家等参加，对排查出的事故隐患进行评估分级。

对于重大事故隐患，所属企业应当结合生产经营实际，确定风险可接受标准，评估事故隐患的风险等级。评估风险的方法和等级划分标准参照生产安全风险防控管理规定执行，评估结果应当形成报告。

(8)重大安全环保事故隐患评估报告应当包括以下内容：

1)事故隐患现状；

2)事故隐患形成原因；

3)事故发生概率、影响范围及严重程度；

4)事故隐患风险等级；

5)事故隐患治理难易程度分析；

6)事故隐患治理方案。

(四)安全环保事故隐患治理

(1)所属企业对发现的安全环保事故隐患应当组织治理，对不能立即治理的事故隐患，应当制定和落实事故隐患监控措施，并告知岗位人员和相关人员在紧急情况下采取的应急措施。监控措施至少应包括以下内容：

1)保证存在事故隐患的设备设施安全运转所需的条件；

2)提出对生产装置、设备设施监测检查的要求；

3)制定针对潜在危害及影响的防范控制措施；

4)编制应急预案并定期进行演练；

5)明确监控程序、责任分工和落实监控人员；

6)设置明显标志，标明事故隐患风险等级、危险程度、治理责任、期限及应急措施。

(2)对威胁生产安全、环境安全和人员生命安全，随时可能发生事故的重大安全环保事故隐患，所属企业应当立即停产、停业整改。

(3)所属企业主要负责人应当根据重大安全环保事故隐患评估结果，组织制定并实施重大事故隐患治理方案，做到整改措施、责任、资金、时限和预案"五到位"。治理方案主要包括以下内容：

1)事故隐患基本情况，包括事故隐患部位、现状和治理的必要性；

2)治理的目标和任务；

3)治理采取的方法和措施；

4)经费和物资的落实；

5)负责治理的机构和人员；

6)治理的时限和要求；

7)安全控制措施和应急预案。

(4)所属企业在事故隐患治理过程中，应当采取相应的安全防范措施，防止事故发生。事故隐患排除前或者排除过程中无法保证安全的，应当从危险区域内撤出作业人员，并疏散可能危及的其他人员，设置警戒标志，暂时停产停业或者停止使用；对暂时难以停产或者停止使用的相关生产储存装置、设施、设备，应当加强维护和保养，防止事故发生。

(5)对于因自然灾害可能导致事故灾难的隐患，所属企业应当按照有关法律、法规、标准和本办法的要求排查治理，采取可靠的预防措施，制定应急预案；在接到有关自然灾害预报时，应当及时向下属单位发出预警通知；发生自然灾害可能危及企业和人员安全时，应当采取撤离人员、停止作业、加强监测等安全措施，并及时向地方政府和有关部门报告。

(6)安全环保事故隐患治理资金应当专款专用。资本化支出项目，所属企业应当在设备设施检测、事故隐患评估、可行性研究报告的基础上，按照投资管理办法的规定，履行项目立项审批程序。费用化支出项目，按照有关规定履行审批程序。

(7)各级审查、审批部门应当严格安全环保事故隐患治理项目的审核把关，禁止下列项目挤占事故隐患治理资金：

1)新建、改建、扩建项目的安全环保设施，以及投产运行3年以内的新建、改建、扩建项目产生的事故隐患；

2)与事故隐患无关的搭车、扩能增容和技术改造；

3)借事故隐患治理新建建(构)筑物、新建装置设施、购置更新生产设备等；

4)新增工业电视、警示标识等；

5)购置劳动防护用品用具、消防器材等；

6)安全环保评价、等级评定、检测检验、体系推进、信息系统建设等。

(8)重大安全环保事故隐患治理计划下达后(其中资本化安全环保事故隐患治理项目纳入统一投资计划下达后),所属企业应当严格按照重大事故隐患治理方案组织实施。项目的招投标、合同签订、物资采购、施工管理、资金使用、变更管理等工作严格按照有关规定执行。

(9)重大安全环保事故隐患治理项目按照“谁审批、谁督办”的原则,实行专业分公司、所属企业分级挂牌督办,各级督办单位应当明确督办领导和业务部门。涉及两个及以上所属企业的重大事故隐患由挂牌督办。督办内容主要包括:

1)治理资金使用情况；

2)项目形象进度；

3)防范措施落实情况；

4)存在问题与纠正情况；

5)治理效果。

(10)各级督办领导和业务部门应当通过召开专题会议、现场检查等方式督办重大安全环保事故隐患治理项目,掌握治理工作进展情况。所属企业应当在安全环保事故隐患信息管理子系统中及时更新事故隐患治理进度,并定期向员工通报。

(11)因存在重大安全环保事故隐患被地方政府有关部门责令全部或者局部停产停业治理的,治理工作结束后,所属企业应当组织对事故隐患的治理情况进行评估,符合安全生产条件的,向原作出处罚决定的行政机关提出恢复生产的书面申请,经批准后方可恢复生产经营。

(12)重大安全环保事故隐患治理项目完成后,项目审批部门应当按照有关规定组织验收。验收合格后的事故隐患治理项目应当及时销项,并录入安全环保事故隐患信息管理子系统。

安全环保事故隐患治理项目验收时,项目审批部门应当严格执行“五不验收”,即项目变更不履行程序不验收、治理项目不符合安全环保与节能减排要求不验收、挪用事故隐患治理资金的项目不验收、违反事故隐患治理原则搭车和扩能的项目不验收、项目竣工不进行效果评价不验收。

(五)监督与责任

(1)将安全环保事故隐患排查治理工作作为年度安全环保考核的重点内

容，纳入安全环保业绩考核实施细则，考核结果纳入安全环保业绩考核。

(2)专业分公司应当定期对本专业安全环保事故隐患排查治理工作进行检查考核，考核结果纳入年度安全环保先进企业考核评比。

(3)所属企业应当对本单位安全环保事故隐患排查治理工作进行监督检查，将事故隐患排查治理工作纳入安全环保绩效考核。对在事故隐患排查治理工作中表现突出的单位和个人，给予表彰奖励。

(4)对于及时发现报告非本岗位和非本人责任造成的安全环保事故隐患，避免重大事故发生的人员，应当按照事故隐患报告特别奖励的有关规定，给予奖励。

(5)违反本办法，有下列行为之一的，给予批评教育并责令改正；应当承担纪律责任的，依照违纪违规行为处分规定对责任人进行责任追究；涉嫌犯罪的，移送司法机关处理：

1)存在事故隐患隐瞒不报、未采取防范措施或者监控、整改不认真的；

2)事故隐患监管不到位引发事故的；

3)事故隐患治理不及时、不到位的；

4)事故隐患治理项目变更没有及时上报的；

5)事故隐患治理过程中发生次生事故的；

6)在事故隐患治理后又出现新的事故隐患或者发生安全环保事故的；

7)新建、改建、扩建项目存在事故隐患的；

8)事故隐患治理资金没有专款专用的；

9)其他应当追究责任的行为。

(6)对存在重大安全环保事故隐患没有治理或者治理资金不落实的所属企业，禁止批准立项新项目(工程)。

第六章 油气田企业运行安全评价

随着我国国民经济的飞速发展，企业对于安全生产的要求也越来越高，这就使得安全评价显得格外重要。发达国家很早就开展了安全评价工作。道化学公司于20世纪60年代开始应用其开发的物质系数作为系统安全工程的评价方法，在20世纪70年代末，我国在化工行业开始应用系统安全工程危险分析和评价方法。

第一节 安全评价概述

一、安全评价的概念及分类

(一)概念

安全评价是一个以实现工程、系统安全为目的，应用安全系统工程原理和方法，对工程系统中存在的危害因素进行识别与分析，判断工程、系统发生事故、职业危害的可能性及其严重程度，提出工程系统安全技术防范措施和管理对策措施的过程。安全评价是安全系统工程的一个重要组成部分，也是实施安全管理的一种重要的技术手段，其最终的目的是提出控制或消除危险、防止事故发生的对策，为确定系统安全目标，制定系统安全规划，实现最优化的系统安全奠定基础。

(二)分类

1. 根据工程、系统生命周期和评价的目的分

根据工程、系统生命周期和评价的目的，可将安全评价分为安全预评价、安全验收评价、安全现状评价和专项安全评价。

（1）安全预评价是根据建设项目可行性研究报告内容，分析和预测该建设项目可能存在的危险、有害因素的种类和程度，提出合理、可行的安全对策措施及建议。安全预评价是在项目建设前应用安全评价的原理和方法对系统的危险性进行预测性评价。

（2）安全验收评价是在建设项目竣工验收之前，试生产运行正常后，通过对建设项目设施、设备、装置实行实际运行状况及管理状况的安全评价，查找出该建设项目投产后存在的危险、有害因素并确定其危害程度，提出合理、可行的安全对策措施和建议。

（3）安全现状评价是针对某一生产经营单位总体或局部的生产经营活动的安全现状进行的系统安全评价。通过评价查找其存在的危险、有害因素，确定危险程度，提出合理的安全对策措施及建议。

（4）专项安全评价是针对特定的行业、产品、生产方式、生产工艺或生产装置等存在的危险、有害因素进行的安全评价。该评价能确定危险程度，提出合理的安全对策措施及建议。

2.根据评价结果类型分

根据评价结果类型，可将安全评价分为定性安全评价和定量安全评价。

（1）定性安全评价方法主要是根据经验和直观判断对生产系统的工艺、设备、设施、环境、人员和管理等方面的状况进行定性分析，安全评价结果是一些定性的指标，如是否达到了某项安全要求、危险程度分级、事故类别和导致事故发生的因素等。但定性安全评价方法往往依靠经验，带有一定的局限性，安全评价结果有时因参加评价人员的经验和经历等不同有一定的差异。

（2）定量安全评价方法是运用基于大的实验结果和广泛的事故资料统计和分析获得的指标或规律数学模型，对生产系统的工艺、设备、设施、环境、人员和管理等方面的状况进行定性的计算，安全评价结果是一些定量的指标，如事故发生概率、事故伤害或破坏范围、危险性指数、事故致因因素的事故关联度或重要度等。定量安全评价方法获得的评价结果具有可比性，但往往需要大量的计算，而且对基础数据的依赖性很大。

二、安全评价的目的

安全评价的目的是查找、分析和预测工程系统中存在着危险危害因素及可能导致的危险危害后果和程度，提出合理、可行的安全对策措施，指导危险源监控和事故预防，以达到最低事故率、最少事故损失和最优安全投资效益。

在设计之前进行安全评价，其目的是避免选用不安全的工艺流程、危险的原材料以及不合格的设备、设施或当必须采用时提出降低或消除危险的有效方法。设计之后进行安全评价，其目的是查出设计中的缺陷和不足，及时采取预防和改进措施。系统建成后运行阶段进行安全评价，其目的是了解系统的现实危险性，为进一步采取降低危险性的措施提供依据。

1.为选择系统安全的最优方案提供依据

通过分析系统的存在的危险源的数量及分布，事故的概率、事故严重程度，预测并提出应采取的安全对策措施等，为决策者和管理者根据评价结果选择系统安全最优方案提供依据。

2.为实现安全技术、安全管理的标准化和科学化创作条件

通过对设备、设施或系统的安全过程中的安全性是否符合有关标准和规范规定的评价，对照技术标准、规范找出存在的问题和不足，以实现安全技术和安全管理的标准化、科学化。

3.促进实现生产经营单位本质安全化

系统地从工程规划、设计、建设、运行等过程，对事故发生和事故隐患进行科学分析，针对事故发生和事故隐患发生的各种原因事件和条件，提出消除危险的最佳技术措施方案。特别是从设计上采取相应措施，实现生产过程的本质安全化，做到即使发生误操作或设备故障时，系统存在的危险因素也不会导致重大事故发生。

三、安全评价的内容和程序

（一）安全评价的内容

安全评价内容包括危险有害因素辨识与分析、危险性评价、确定可接受风险和制定安全对策措施。

通过危险有害因素辨识和分析，找出可能存在的危险，分析它们可能导致的事故类型以及目前采取的安全对策措施的有效性和实用性。危险性评价是采用定量或定性安全评价方法，预测危险源导致事故的可能性和严重程度，进行危险性的分级确定。可接受风险是根据识别出的危险有害因素和可能导致事故危险性以及企业自身的条件，建立可接受风险指示，并确定哪些是可接受风险，哪些是不可接受风险。根据风险的分级和确定的不可接受风险以及企

业的经济条件,制定安全对策措施,有效的控制各类风险。

在实际的安全评价过程中,上述四个方面的工作不能截然分开、孤立进行,而是相互交叉、相互重叠于整个管理工作当中。

(二)安全评价的程序

安全评价程序包括准备阶段、危险有害因素识别与分析、定性定量评价、安全对策措施及建议、评价结论及建议、编制安全评价报告。

第二节 国内石油企业的生产特点及安全现状

一、国内石油企业生产特点

(一)安全文化欠缺

在世界化工领域,我国化工企业的起步相对较晚,尚未形成系统的安全管理体系,这也是制约我国化工企业长期发展和进步的关键因素。由于部分化工企业片面追求高产值和经济效益,而是安全管理未能得到足够的重视。在化工企业的安全管理中,必须结合自身特点,逐步构建具有企业特色的安全文化体系,否则,难以将安全管理工作真正落到实处。另外,我国化工企业整体生产技术水平落后,人员素质较低,生产人员安全意识淡薄等客观因素,也是造成化工企业安全文化构建不完善的客观影响因素。虽然国内化工企业积极借鉴和学习国外先进的安全管理理念与模式,但是安全文化的滞后注定了先进的安全管理方式难以在短时间内得到有效的实施。

(二)相关法律法规引用不规范

目前,我国针对企业安全生产问题已经逐步制定并出台了一系列法律、法规,但是在具体实施过程中则经常出现规范引用不合适或引用废止规范的问题。国内部分企业仅是将安全生产的相关法律、法规、条例、制度作为一种应付上级检查的条文进行宣传与引用,但是,在日常生产经营管理活动中,却缺乏与时俱进的精神,对于企业安全评价法的更新与完善,远不如在生产中的技术投入。另外,部分企业没有深刻认识到的安全管理规范的适用范围,安全评价人员也存在认识上的弊端性,进而到选错标准、规范,这样不仅难以达到安全评价的目的,更有可能致使安全管理工作出现滞后性。

(三)片面注重系统整体配套安全设施的设计

企业安全评价法是一个综合性的安全监督与管理规范，其以法律法规等的依据，在检查系统整体配套安全设施设计是否合理的基础上，更要注重化工设计的有效性和可靠性。但是，在安全评价法实际运用中，评价人员往往只注重检查系统的设计是否设置安全，却相对忽视安全设施的有效性和可靠性，从而得出错误的安全评价结论。

二、国内石油企业安全现状

(一)企业的安全与自身特点的关系

石油企业生产与其他的生产行业相比，更容易发生安全隐患和职业危害，这种行业情况与石油企业的自身特点有很大的关系。

(1)石油生产都是一些精细化作业，生产工艺和过程都非常复杂，原油生产从原材料到化工产品产出中间需要经过很多道工序和多个加工环节，通过多次的化学反应和物质离析才能完成。这就使得生产过程中的前后参数可能会差距较大，在工艺生产条件上也有严格的控制，稍有误差就会引起爆炸、火灾等事故的发生。

(2)石油企业生产现在已经步入一个大规模、高强度的连续作业阶段。现在生产效率的追求，使得很多企业不得不引入大规模的生产设备，这种大规模的生产中的原料和产品的量都跟着提升，这也就在一定程度上，使危险可能性系数变大，一旦发生事故，危害程度也相应增加。

(3)高科技技术的运用做到企业生产自动化水平不断提高。由于现代的企业生产中，需要对大型和高强度作业的精细化施工控制，因此一些数控技术被广泛地运用到生产过程的控制系统中，但是，如果在这个自动化作业中不注意数控系统的参数校对和相关仪表的功能效应，就会是生产缺乏准确的数控控制而出现生产事故。

(二)目前国内的化工企业安全现状

目前，国内的石油企业处在高速发展阶段，不断升级的发展趋势与企业安全形势出现了正比例的并存状况。生产的安全性在生产的基础配套中还是不容忽视。特别是近几年，一些石油企业危险气体泄漏、爆炸和火灾等大小事故频发，这些问题主要表现在下述几个方面。

(1)国内石油化工领域由中小型企业占主导地位,而且这些中小型企业大部分都是一些年代久远的老企业。中小规模的企业在技术上缺乏先进性和自动化水平,生产过程中也不太重视人员的专业知识培训和生产安全管理,并且设备比较简陋。

(2)国家对石化企业的准入资格缺乏严格的审查和制度约束。国内许多区县级政府为了积极的招商引资,对要引进的化工企业在生产工艺、施工规范和人员培训等方面都不做准入管控,造成一大批技术落后、生产能耗高、环境污染严重的中小化工企业进入园区。这些企业的引入,自然就在一定程度上增加了安全事故的发生概率。

(3)中小企业普遍缺乏对安全生产责任制落实,特别是一些高危化企业,从管理制度到执行制度没有严格的标准,在安全投入和执行力度方面更是没有保障,这就是企业缺少了安全生产的基础条件。

第三节　中石油安全文化

通过学习与借鉴国际公司先进 HSE 管理经验,充分结合 HSE 管理实践和中国石油特点,中国石油提出:HSE 管理体系推进与提升的目标是转变观念、养成习惯、提高能力。就是要让员工在安全文化的主导下,创造安全的环境,通过安全理念的渗透,来改变员工的行为,使之成为自觉的规范的行动。其本质就是通过人的行为体现对人的尊重,逐渐形成一种独特的企业文化:安全是企业一切工作的首要条件,安全是公司的核心利益,安全具有压倒一切的优先权。

一、中国石油传统文化

在我国石油石化行业的发展历程中,中国石油形成了丰厚的企业文化积淀,培育了以"大庆精神""铁人精神""三老四严"为核心的"石油精神",形成了中国石油独具特色的优秀企业文化,激励了几代石油人艰苦奋斗、无私奉献,并在社会上产生了很大影响,成为中华民族优秀文化的重要组成部分,有力地促进了中国石油工业的发展。

(一)中国石油优良传统

习近平同志曾对大力弘扬石油精神做出重要批示,他强调石油精神是攻坚克难、夺取胜利的宝贵财富,什么时候都不能丢。石油精神其实一直都未曾远去,必须要了解它的时代内涵并传承发扬下去。精神不是万能的,但没有精神是万万不能的。石油精神并非遥远的传说,而是当下应该着重传承与发扬的时代命题。

1. 大庆精神

大庆精神是中华民族精神的重要组成部分,主要包括:为国争光、为民族争气的爱国主义精神;独立自主、自力更生的艰苦创业精神;讲究科学、"三老四严"的求实精神;胸怀全局、为国分忧的奉献精神。概括地说,就是"爱国、创业、求实、奉献"。大庆精神产生于 20 世纪 60 年代石油会战,集中体现了中华民族和中国工人阶级的优良传统与优秀品质,是中华民族精神宝库的重要组成部分。长期以来,大庆精神一直得到党和国家领导人的培育和倡导。

2. 铁人精神

铁人精神是大庆精神的典型化体现和人格化浓缩,主要包括:为国分忧、为民族争气的爱国主义精神;宁可少活 20 年,拼命也要拿下大油田的忘我拼搏精神;有条件要上,没有条件创造条件也要上的艰苦奋斗精神;干工作要经得起子孙万代检查,为革命练一身硬功夫、真本事的科学求实精神;甘愿为党和人民当一辈子老黄牛,埋头苦干的奉献精神;等等。

铁人精神是王进喜同志崇高思想、优秀品德的高度概括,是我国石油工人精神风貌的集中体现。铁人精神无论在过去、现在和将来都有着不朽的价值和永恒的生命力。

3. "三老四严"

对待革命事业,要当老实人,说老实话,办老实事;对待工作,要有严格的要求,严密的组织,严肃的态度,严明的纪律。这一提法源自 1962 年,1963 年形成完整表述。这一作风是大庆石油工人的主人翁责任感和科学求实精神的具体体现,是大庆油田企业文化融汇中华民族优秀文化传统最基本、最典型、最生动的概括和总结。

4. "四个一样"

对待革命工作要做到:黑天和白天一个样;坏天气和好天气一个样;领导不在场和领导在场一个样;没有人检查和有人检查一个样。"四个一样"于 1963 年由李天照首创,得到周总理的高度赞扬,并与"三老四严"一同写入当年颁布的《中华人民共和国石油工业部工作条例(草案)》,作为工作作风的主要内容颁发。“四个一样”是党的优良作风和中国人民解放军的“三大纪律八项注意”同油田会战具体实际相结合的产物，是大庆油田广大职工自觉坚持标准、严细成风的真实写照。

5.岗位责任制是大庆油田最基本的生产管理制度

1962年，采油一厂中一注水站，因管理不善，发生火灾，引发了“一把火烧出的问题”的群众大讨论，油田干部群众结合生产与管理的实际，认真总结正反两方面的经验，逐步建立完善了岗位责任制。它的内涵就是把全部生产任务和管理工作，具体落实到每个岗位和每个人身上，做到事事有人管，人人有专责，办事有标准，工作有检查，保证广大职工的积极性和创造性得到充分发挥。岗位责任制的实行，增强了职工的主人翁意识和组织纪律观念，提高了生产条件的合理利用水平，保证了生产持续不断地向前发展。

（二）中国石油企业文化

在新的历史条件下，中国石油通过不断吸收借鉴人类社会的文明成果，在继承和发扬优良传统的基础上，从内容和形式积极创新，逐渐形成了富有时代精神和独具特色的企业文化，从而为中国石油的发展提供了更加强大的精神动力和思想保证。具体表现就是以“我为祖国献石油”的价值观，以“奉献能源、创造和谐”的企业宗旨，以“爱国、创业、求实、奉献”为中心的企业精神，以“全面建设世界水平的综合性国际能源公司”为愿景，以及以“诚信、创新、业绩、和谐、安全”为基石的核心经营管理理念。

1.企业宗旨：奉献能源、创造和谐

中国石油的企业宗旨是“奉献能源、创造和谐”，这体现了中国石油在正确处理好企业经济责任与社会责任的关系，实现企业与社会和谐方面的自我要求；也体现了要加强企业与地方政府的协调关系，在加快自身发展的同时，促进和带动地方经济社会发展的自我要求；还体现着正确处理好企业发展与保护环境的关系，实现能源与环境和谐的自我要求。

企业履行社会责任是社会文明的重要标志，是构建和谐社会的重要基础。作为中国主要的油气生产和供应商，中国石油以可持续发展为目标，认真履行经济、政治和社会三大责任，致力于追求经济、环境和社会三者的平衡发展，努力以更安全、更环保和更高效的方式开展生产运营，持续为社会提供能源，创造人类美好生活。

世界上最重要的自然资源是人类自身和赖以生存的环境。中国石油坚持

“以人为本、预防为主、全员参与、持续改进”的HSE方针，追求“零伤害、零污染、零事故”的HSE战略目标，努力创建“资源节约型、环境友好型、安全生产型”企业。中国石油坚持以人为本，充分尊重和保障员工合法权益，建立完善的用工管理制度体系。不论在国内还是海外，对不同国籍、民族、种族、性别、宗教信仰和文化背景的员工一视同仁。

2. 企业精神：爱国、创业、求实、奉献

企业精神是指企业基于自身特定的性质、任务、宗旨、时代要求和发展方向，并经过精心培养而形成的企业成员群体的精神风貌。企业精神要通过企业全体员有意识的实践活动体现出来。因此，它又是企业员工观念意识和进取心理的外化。企业精神是企业文化的核心，在整个企业文化中起着支配的地位，企业精神以价值观念为基础，以价值目标为动力，对企业经营哲学、管理制度、道德风尚、团体意识和企业形象起着决定性的作用。可以说，企业精神是企业的灵魂。中国石油的企业精神是将石油精神赋予了新的的时代内涵，作为中国石油统一的企业精神，在新的历史条件下力日以继承和弘扬。

(1)爱国：爱岗敬业，产业报国，持续发展，为增强综合国力做贡献。

(2)创业：艰苦奋斗，锐意进取，创业永恒，始终不渝地追求一流。

(3)求实：讲求科学，实事求是，“三老四严”，提高管理和科技水平。

(4)奉献：员工奉献企业，企业回报社会、回报客户、回报员工、回报投资者。

3. 核心经营理念：诚信、创新、业绩、和谐、安全

中国石油的核心经营管理理念集中体现了中国石油经营管理决策和行为的价值取向，是有机的统一整体。其中诚信是基石，创新是动力，业绩是目标，和谐是保障，安全是前提。

(1)诚信：立诚守信，言真行实。诚就是表里如一，说老实话，办老实事，做老实人；信就是信守诺言，讲信誉，重信用，忠实履行自己承担的职责。诚信是市场经济对企业的基本要求，中国石油视诚信为立身之本、发展之基、信誉之源。中国石油奉行全方位的诚信理念。企业、管理者及员工都要讲求诚信。不仅公司内部要讲求诚信，在同社会、客户和合作者交往中也要讲求诚信。诚信集中体现在高标准的职业道德和商业道德上。遵循市场经济规律，坚持“诚实、信用”的原则，认真履行合同，恪守对外承诺，保证合作者的正当利益。

诚信是企业和员工共命运的基石，是最可贵的情感和行为。企业取信员工，员工才愿意为之付出，才愿意与企业风雨同舟；诚信的员工才能心智清明，

择善而从。诚信不是人身间的相互依附，是对组织目标的认同和对价值理念的承诺，没有员工的诚信企业将无法生存，缺乏企业的诚信员工将无所适从。做好本职工作是员工对企业的诚信，善待客户、维护企业利益和荣誉是诚信的直接表现。

(2)创新：与时俱进，开拓创新。创新是企业可持续发展的不竭动力。创新直接表现为进取精神和学习能力。进取是创新的精神支撑，学习是创新的能力源泉。创新是一个过程，需要时间来鉴别和验证需要耐心和热心的呵护，求全责备、急于求成往往会摧毁创新之源。创新是企业发展的不竭动力，也是中国石油永葆生机的源泉。创新的根本要求是体现时代性，把握规律性，富于创造性。大力倡导创新精神，积极营造尊重劳动、尊重知识、尊重人才、尊重创造的良好织围，在实践中不断进行体制创新、机制创新、制度创新、管理创新、科技创新、产品创新及其他各方面的创新活动，努力领先竞争对手，不断超越自我。

学习是创新的重要基础。中国石油努力构建学习型企业，提倡全员学习、终身学习，鼓励员工不新学习业务知识，提高自身素质，把学习当作提升企业价值和员工自价值的重要途径。大力倡导并采取有效措施创造团队学习的氛围，做到信息共享、经验共享、技术共享、知识共享。岗位的创新，对工作职责、工作任务的精准理解和细致执行是最基本的创新；解决问题是创新，发现问题、发现隐患也是创新；精益求精做好职工作是员工最主要的创新活动。

(3)业绩：业绩至上，创造卓越。业绩是企业一切生产经营结果的最终体现，是评价企业发展最关键的指标，是衡量单位和员工贡献的重要尺度。每个员工的业绩是构成公司业绩的基础。中国石油把业绩作为体现社会价值、提升企业价值和实现员工个人价值的结合点。积极倡导广大员工以昂扬向上的精神状态，努力追求卓越。

采取积极有效的步骤，建立和完善以业绩考核为核心的激励机制，明确并落实每个员工的目标和责任。通过制定科学、合理的考核指标，严格考核兑现，形成企业在市场上以业绩论成败，员工在企业中以业绩论奖惩的氛围，激励企业和员工不断提高工作业绩，从而提升公司整体业绩。把创造卓越的业绩作为中国石油永恒的目标和神圣的使命，在激烈的市场竞争中创造更加卓越的业绩，报效国家、奉献社会、回报员工。

(4)和谐：团结协作，营造和谐。和谐是中国石油正常运营和持续发展的重要保障。内部和谐创造发展的动力，外部和谐提供良好的生存、发展环境。进一步完善管理体制，合理设置内部组织结构，合理划分各个管理层级的权利和义务，做到责、权、利相统一。正确处理好企业与员工、整体与局部，近期与长远利益的关系，形成能够充分调动全体员工和各方面积极性的制度性安排。

大力倡导融洽的人际关系，创造和谐愉悦的工作氛围。充分保证公司、社会、客户、合作伙伴的正当利益。以理性竞争、合作双赢的理念正确处理与竞争对手的关系，营造和谐的发展环境。在力所能及的条件下，积极参与社会公益事业，辐射和带动当地经济、文化的发展，树立中国石油良好的公众形象。

(5)安全：以人为本，安全第一。安全理念是既符合当代的实际、又代表长远方向的文化理念。安全是中国石油创造优良业绩，实现全面、协调、可持续发展的前提。中国石油充分尊重人的生命价值，把社会公众和广大员工的生命安全放在首位。同时，积极承担保护企业财产和人类赖以生存的自然环境的责任。积极倡导以人为本的安全文化，尊重人的生命价值，推进HSE管理体系建设也是中国石油核心经营管理理念的要求。

持续改进工艺条件和环境，加强对变化着的环境中不安全因素的识别和风险防控，不断提高风险防范能力，努力消除各种事故隐患，实现本质安全。通过合理开发和利用资源，努力提高资源利用效率，注重开发和生产清洁可靠的能源及化工产品，加强环境保护基础建设，保护和改善生态环境，最大限度地发挥资源的经济效益、社会效益和环境效益，促进人与自然的和谐，创造能源与环境的和谐。

(三)HSE基本管理思想

培育先进的企业安全文化是时代的要求，企业安全文化的核心是指企业在自己长期的生产、经营、管理实践中，逐步形成的、占据主导思想的、并能成为全体员工认同和恪守的安全价值观念和行为准则。加强安全文化传承与研究，不仅要继承和发扬中国石油安全文化的优良传统，而且要学习西方现代化企业的先进管理理念，制定企业安全文化纲要。把管理者培养成优秀的安全文化人才，为实施安全文化管理战略提供人才保证和智力支持。营造安全文化发展创新机制，搭建安全文化创新发展平台，用企业的安全文化，凝聚优秀的管理人才，打造优秀的管理团队，实现企业的科学发展、安全发展。

近几年来，中国石油学习借鉴国际HSE管理先进经验，采取一系列重大措施，实现了安全环保形势明显好转。在观念理念上，中国石油确立了“安全发展、清洁发展”的思想和“环保优先、安全第一、质量至上、以人为本”的理念，坚持“以人为本抓安全”“一切事故均可避免”和“安全源于责任心、源于设计、源于质量、源于防范”的观念，切实把安全环保作为企业的核心价值、作为天字号工程、作为第一要求贯彻落实到生产经营的各个环节，安全环保意识明显增强。在管理方式上，中国石油大力强化源头管理，全面推进 HSE 体系建设，强化落实有感领导、直线责任和属地管理，健全完善监督管理体制机制，有效实施风险管理，严格执行作业许可制度，深入开展现场安全环保巡视，注重员工个性化培训，广泛开展基层 HSE 标准化站队建设，基层基础管理工作进一步夯实。

基于 HSE 管理的理论和实践经验，在国际石油工业 HSE 管理领域，各大公司都形成了一些有影响的 HSE 管理基本思想。这些管理思想总结了 HSE 管理的实践经验，吸收了管理学科的新进展和新观念，以高度精练的语言概括了 HSE 管理的基本思想，是现代社会日益发展、管理经验日渐丰富，管理科学理论不断演变发展的结果，为提高组织 HSE 管理体系的有效性、效率和持续改进指出了方向。中国石油也逐步形成了具有时代特征和企业特色的安全文化理念：

(1)“安全发展、清洁发展”的“发展观”。

(2)“以人为本抓安全”的“人本观”。

(3)“一切事故都是可以控制和避免的”的“预防观”。

(4)“安全源于责任心、源于设计、源于质量、源于防范”的“责任观”。

(5)“安全是最大的节约、事故是最大的浪费”的“价值观”。

(6)“一人安全，全家幸福”的“亲情观”。

“环保优先、安全第一、质量至上、以人为本”“事故事件是一种宝贵资源”等安全环保管理理念逐步深入人心，这是新时代的石油精神，是对大庆精神、铁人精神的继承发扬和再创新，更加符合时代特征，更具有现实指导意义。

经过多年励精图治与不懈努力，各级领导安全环保意识发生了明显变化，安全环保工作已纳入企业发展总体布局，关爱生命、关注安全已成为广大员工的共识和迫切需求，基本实现了由传统安全环保管理模式向体系化、标准化的 HSE 管理模式转变，由单纯强调领导负责向强化全员安全环保责任意识转变，由单一的事故管理向深入的事件分析与强化源头、预防优先转变；由强调结果性指标管理向全员、全过程责任监控和激励性目标管理转变。

二、中国石油安全理念

安全是通过人的行动体现对人的生命的尊重。企业安全文化是企业组织行为特征和员工个人行为特征的集中表现，其集中表现为安全拥有高于一切的优先权。这是整个企业文化的有机组成部分，是企业安全生产的灵魂，也是企业的核心竞争力之一。它是企业在长期生产经营活动中逐渐形成的一种实用性很强的管理理念、管理方式、群体意识和行为规范。

所谓安全文化，就是安全理念、安全意识、价值观及在其指导下的行动。企业安全文化是指全员安全价值观和安全行为习惯的总和，体现为每一个单位、每一个群体、每一个人对安全的态度、思维程度及采取的行动方式。一个企业只有培育出良好的企业安全文化，才能使写在纸上的 HSE 管理要求成为全体员工的行动，并最终实现“HSE 融入我心中”的要求。企业安全文化包括了安全信念、价值观、驱动力、个人承诺、心理素质、参与和责任等，主要体现在：

(1)持续改进 HSE 表现的信念。

(2)鼓励和促进员工改善 HSE 表现。

(3)每个员工的责任和义务都体现公司的 HSE 表现。

(4)各个层次员工都参与 HSE 管理体系的建立和运行。

(5)自上而下地实施 HSE 管理承诺。

(6)保证 HSE 管理体系的有效实施。

要把 HSE 管理理念有机融入各种安全生产活动之中，利用各种时机和场合，形成有利于培育和弘扬 HSE 管理理念的生活情景和工作氛围。要使 HSE 管理理念的影响像空气一样无所不在、无时不有。培育和践行 HSE 管理理念，要与日常工作紧密联系起来，使员工在实践中感知它、领悟它，增强员工的认同感和归属感，达到“百姓日用而不知”的程度，使之成为员工日常工作生活的基本习惯。

通过统一认识，使全体员工真正树立“安全是企业核心价值”的理念；通过培育良好的 HSE 文化，让安全成为全体员工的行为习惯；通过持续改进和强化培训，让安全成为全体员工的基本能力；建立以生产受控为核心、具有中国石油特色的 HSE 管理体系其中，HSE 管理原则与 HSE 方针和战略目标共同构成了中国石油 HSE 管理的基本指导思想。

(一)HSE 九项管理原则

中国石油为统一 HSE 理念的思想认识，规范各级管理人员科学决策和严格管理的 HSE 行为，推动形成“谁主管、谁负责”和全员积极参与的 HSE 文化氛围，确保 HSE 方针和战略目标得到更好贯彻与落实。借鉴杜邦公司、荷兰皇家壳牌集团和英国石油公司(BP)等国际大公司通行做法，结合公司实际，编制了 HSE 管理原则，保证了中国石油 HSE 理念的统一，保持了与国际石油公司 HSE 先进理念一致，体现了从被动管理转变为主动预防的思想。

HSE 管理原则是对中国石油 HSE 方针和战略目标的进一步阐述和说明，是针对 HSE 管理关键环节提出的基本要求和行为准则，HSE 管理原则与 HSE 方针和战略目标共同构成了中国石油 HSE 管理的基本指导思想。中国石油颁布实施 HSE 管理原则，是加强安全环保管理的一项治本之策和推进 HSE 管理体系建设的重大举措，既是对中国石油企业文化的传承和丰富，也是对各级管理者提出的 HSE 管理基本行为准则，更是 HSE 管理从经验管理和制度管理向文化管理迈进的一个里程碑。其本质内涵是对 HSE 管理的关键环节和各级管理者提出 HSE 管理的基本行为准则，是管理者的“规定动作”是管理者的“禁令”。

中国石油提出的 HSE 管理原则是把“环保优先、安全第一、质量至上、以人为本”的管理理念落实到中国石油及其各个系统的管理全过程，其最核心的价值就是通过科学管理来实现安全环保管理目标，构建和谐企业，促进科学发展。

1.任何决策必须优先考虑健康安全环境

良好的 HSE 表现是企业取得卓越业绩、树立良好社会形象的坚强基石和持续动力 HSE 工作首先要做到预防为主、源头控制，即在战略规划、项目投资和生产经营等相关事务的决策时，同时考虑、评估潜在的风险，配套落实风险控制措施，优先保障 HSE 条件，做到安全发展、清洁发展。

决策优先原则是实现中国石油 HSE 目标、规范 HSE 行为、培育 HSE 文化、强化 HSE 管理的重要前提和基本保证，是企业 HSE 管理的创新举措，也是中国石油 HSE 理念的升华。其重要意义就在于它使中国石油提出多年的 HSE 理念，由精神理念层面推进到实践落实层面，由战略概念阶段提升到有丰富内容操作阶段，由指导方针和原则要求细化到规范各级管理者行为准则的范畴。

2.安全是聘用的必要条件

员工承诺遵守安全规章制度，接受安全培训并考核合格，具备良好的安全表现是企业聘用员工的必要条件。企业应充分考察员工的安全意识、技能和表现，不得聘用不合格人员。各级管理人员和操作人员都应强化安全责任意识，提高自身安全素质，认真履行岗位安全职责，不断改进个人安全表现。

企业将安全作为聘用条件是各级管理者及全体员工必须遵守的铁律，是安全生产的“防火墙”，是安全管理的“高压线”。它的实际意义在于，安全聘用是企业实现安全生产的最重要基础、第一道关口，这体现了以人为本的安全理念。员工没有达到安全聘用条件就上岗，如同自杀；管理者聘用不合格员工上岗，如同杀人。在企业生产过程“人-机-环境”三要素中，人的因素是第一位的，只有用安全聘用的“防火墙”挡住不合格员工或承包商进入，才能保障企业生产经营活动的安全运行。管理者是实现“安全是聘用的必要条件”关口的守门员，把好企业安全聘用关，有制度规定，有专职部门，但最重要的是各级管理者的“第一责任”作用。

3. 企业必须对员工进行健康安全环境培训

接受岗位HSE培训是员工的基本权利，也是企业HSE工作的重要责任。企业应持续对员工进行HSE培训和再培训，确保员工掌握相关HSE知识和技能，培养员工良好的HSE意识和行为。所有员工都应主动接受HSE培训，经考核合格，取得相应工作资质后方可上岗。

企业员工是中国石油的发展之源、安全之本，安全环保目标最终要靠每位员工来实现，落实培训原则的重要意义就是通过强化HSE培训，夯实安全环保基础，把全体员熔炼成“要安全、懂安全、会安全”的百万精兵，为中国石油建设世界一流综合性国际能源公司提供坚实基础保障。

4. 各级管理者对业务范围内的健康安全环境工作负责

HSE职责是岗位职责的重要组成部分。各级管理者是管辖区域或业务范围内HS工作的直接责任者，应积极履行职能范围内的HSE职责，制定HSE目标，提供相应源，健全HSE制度并强化执行，持续提升HSE绩效水平

推进HSE管理体系建设、建立安全环保长效机制的关键是落实各级管理者职责。按照“责、权、利”对等管理理论，没有无责任的权利，权力大理所当然责任大。按照落实直线责任、推进属地管理的要求，一级对一级，层层抓落实，做到“每个人都对自己从事工作的安全环保负责；每个部门都对自己管理业务的安全环保负责；每个领导都对自己分管工作的安全环保负责；每个单位对自己所辖范围内的安全环保负责”。

5. 各级管理者必须亲自参加健康安全环境审核

开展现场检查、体系审核、管理评审是持续改进HSE表现的有效方法，也是展现有感领导的有效途径。各级管理者应以身作则，积极参加现场检查、体系审核和管理评审工作，了解HSE管理情况，及时发现并改进HSE管理

薄弱环节，推动HSE管理持续提升。

管理者参加HSE审核是履行管理者职责的具体体现，在《中华人民共和国安全生产法》中对管理者参与生产监督检查做了明确的规定。参加审核是落实有感领导的要求也能展现各级领导以身作则的示范和引导作用。各级领导只有亲自参加现场检查、体系审核和管理评审，才能深入了解所属单位、分管领域、分管系统的现状，从而有利于做出切合实际的正确决策。

6. 员工必须参与岗位危害识别及风险控制

危害识别与风险评估是HSE管理工作的基础，是控制作业风险的前提，也是员工须履行的一项岗位职责。任何作业活动之前，都必须进行危害识别和风险评估。员工应主动参与岗位危害识别和风险评估，熟知岗位风险，掌握控制方法，防止事故发生。

落实该项原则的关键就是凝聚全体员工的智慧，做到"危害识别，员工一个不能少"。建立让全体员工主动参与岗位危害识别和风险评估的机制，达到让所有员工都"熟知岗位风险、掌握控制方法、防止事故发生、把所有事故消灭在萌芽状态"的目的。

7. 事故隐患必须及时整改

隐患不除，安全无宁日。所有事故隐患一经发现，都应立即整改，一时不能整改的，应及时采取相应监控措施。应对整改措施或监控措施的实施过程和实施效果进行跟踪、验证，确保整改或监控达到预期效果。

及早地对事故隐患进行超前诊断或辨识，及时采取针对性的措施予以治理和消除对保证"安、稳、长、满、优"生产具有特别重要的现实意义。这是各级管理者落实HSE方针的责任体现和HSE管理关键环节上的一项基本行为准则。事故隐患虽猛于虎但只要练就过硬的打虎本领，立足于事先预测和防范，运用各种科学的、行之有效的安全评价方法进行评估，及时采取有效的对策措施落实隐患整改，就能达到防范和控制事故发生的目的。

8. 所有事故事件必须及时报告、分析和处理

事故事件也是一种资源，每一起事故事件都给管理者改进提供了重要机会，对安全状况分析及问题查找具有相当重要的意义。要完善机制、鼓励员工和基层单位报告事故事件，挖掘事故事件资源。所有事故无论大小，都应按"四不放过"原则及时报告，并在短时间内查明原因，采取整改措施，根除事故隐患。应充分共享事故事件资源，广汉深刻吸取教训，避免事故事件重复发

生。这一原则突出了事故事件的资源价值和财富理念，要求管理职能由“裁判员”向“教练员”转变，由追究责任层面向寻找规律层面转变，标志着中国石油 HSE 事故事件管理工作重点的转移和认识理念的突破。

9. 承包商管理执行统一的健康安全环境标准

企业应将承包商 HSE 管理纳入内部 HSE 管理体系，实行统一管理，并将承包商事故纳入企业事故统计中。承包商应按照企业 HSE 管理体系的统一要求，在 HSE 制度标准执行员工 HSE 培训和个人防护装备配备等方面加强管理，持续改进 HSE 表现，满足企业要求从保障业主及承包商的利益出发，在明确双方 HSE 责任的前提下，使承包商同样有归属感责任感、使命感，与企业一道形成 HSE 管理的“命运共同体”，利益共享、风险共担。

学习和落实好 HSE 管理原则应准确把握其本质与内涵，HSE 管理原则是结合中国石油实际，针对 HSE 管理关键环节，主要对各级管理者提出的 HSE 管理基本行为准则 HSE 管理原则重在规范管理过程，是各级管理者的“规定动作”；反违章禁令重在约束操作行为，是全体岗位员工的“规定动作”。各单位都要认真逐项对照 HSE 管理原则要求，梳理现行制度，拾遗补阙，进一步完善安全环保重大事项领导决策程序，完善员工聘用雇佣、承包商管理等规章制度，落实直线责任、属地管理机制。

(二) HSE 承诺、方针和目标

中国石油紧紧围绕安全发展、清洁发展战略，学习和借鉴国外石油公司先进管理方法，结合实际、系统规划，通过十几年的努力实践和探索，整合了 HSE 管理理念，统一了 HSE 标准、规范了 HSE 管理制度，提高了员工的风险意识与能力，加强了 HSE 监督和审核，强化了对承包商的管理与监督。做到了目标考核与过程控制相结合、制度约束与文化引导相结合、继承传统与发展创新相结合、HSE 管理与企业全面管理相结合。步形成具有中国石油特色的 HSE 管理体系模式和 HSE 企业文化

1. 中国石油 HSE 承诺

中国石油的 HSE 承诺如下：

中国石油天然气集团有限公司一贯认为：世界上最重要的资源是人类自身和人类款以生存的自然环境。关爱生命、保护环境是本公司的核心工作之一。为了“奉献能源、创造和谐”，我们将：

(1)遵守所在国家和地区的法律、法规，尊重当地的风俗习惯。

(2)以人为本,预防为主,追求零伤害、零污染、零事故的目标。

(3)保护环境,节约能源,推行清洁生产,致力于可持续发展。

(4)优化配置 HSE 资源,持续改进健康安全环境管理。

(5)各级最高管理者是 HSE 第一责任人,HSE 表现和业绩是奖惩、聘用人员及雇用承包商的重要依据。

(6)实施 HSE 培训,培育和维护企业 HSE 文化。

(7)向社会坦诚地公开我们的 HSE 表现和业绩。

(8)在世界上任何一个地方,在业务的任何一个领域,我们对 HSE 态度始终如一。

中国石油的所有员工、承包商和供应商都有责任维护中国石油对健康、安全与环境做出的承诺。

2. 中国石油 HSE 方针

中国石油 HSE 方针为:以人为本,预防为主,全员参与,持续改进。

(1)以人为本。人是世界上最宝贵的资源,HSE 管理的重心是关注人的生命、健康和生存环境,实现人与自然、企业与社会的和谐。

(2)预防为主。树立“一切事故都是可以避免的”理念,变事故处理、事后整治为超前预防、源头控制。

(3)全员参与。各级员工认真履行岗位 HSE 职责,按照直线责任、属地管理的原则,实现由全员参与向分级负责的转变。

(4)持续改进。HSE 管理要遵循 PDCA 管理原则,按计划、实施、检查、改进的模式,实现 HSE 业绩的持续提升。

3. 中国石油 HSE 战略目标

中国石油的 HSE 战略目标是:追求零伤害、零污染、零事故,在健康、安全与环境管理方面达到国际先进水平。

(三)“反违章六条禁令”

中国石油为进一步规范员工安全行为,防止和杜绝“三违”现象,保障员工生命安全和企业生产经营的顺利进行,特制定“反违章六条禁令”。“反违章六条禁令”是强制条款,也是强力约束员工行为规范的条款,更是全体员工的“保命条款”,任何人员都不许碰的“高压线”,对严重的违章行为实行“零容忍”政策。中国石油“反违章六条禁令”是站在建设世界一流综合性国际能源公司的高度,着眼于安全生产形势的根本好转,目的是进一步规范岗位员工安全行为，要求全体员工时刻牢记安全只有“规定动作”，没有“自选动作”。

1.“反违章六条禁令”的作用

“反违章六条禁令”是中国石油全面加强安全环保工作的重要内容，对于安全文建设、进一步规范员工安全行为、防止和杜绝“三违”现象、保障员工生命安全和企生产经营的顺利进行有重要意义。

“反违章六条禁令”是一个巨大的推进器，它通过严格的制度，把“有章必循、令出必行、行则必果”等价值理念，深深烙进全体员工的头脑中，让安全生产成为风气，成为每位员工的自觉行动，从而有力地推动中国石油安全文化建设的进程。

“反违章六条禁令”能让心存侥幸者猛然惊醒。它是对已有经验教训的高度总结设置了安全生产禁区，在违章者头上悬起了利剑，让每位员工时刻警醒，保持清醒的义脑，泯灭侥幸心理，提高安全生产的自觉意识，夯实安全文化建设的根基。

2.“反违章六条禁令”内容

“反违章六条禁令”的内容如下：

(1)严禁特种作业无有效操作证人员上岗操作。

(2)严禁违反操作规程操作。

(3)严禁无票证从事危险作业。

(4)严禁脱岗、睡岗和酒后上岗。

(5)严禁违反规定运输民爆物品、放射源和危险化学品。

(6)严禁违章指挥、强令他人违章作业。

员工违反上述禁令，给予行政处分；造成事故的，解除劳动合同。

“反违章六条禁令”所指的特种作业范围，按照国家有关规定包括电工作业、金焊接切割作业、锅炉作业、压力容器作业、压力管道作业、电梯作业、起重机械作业场(厂)内机动车辆作业、制冷作业、爆破作业及井控作业、海上作业、放射性作业危险化学品作业等。

“反违章六条禁令”中的危险作业是指高处作业、动火作业、挖掘作业、临时用作业、移动式吊装作业、管线打开作业、进入受限空间作业等，凡从事危险作业都必须按作业许可管理，没有作业票禁止作业。

3.落实“反违章六条禁令”的要求

(1)从法令高度要求，令行禁止，规范安全生产行为。禁令就是军令，它和一般的管理规定、规章、办法的不同就在于它的权威性、强制性、服从性。以命令的方式禁止的行为，一旦违反，必然要受到严厉的惩罚：员工违反“六条禁令”者，给予行政处分；造成事故的，解除劳动合同。

(2)从转变观念做起，为己为人，强化安全生产意识。禁令就是要重申严明的纪律，就是要把生产安全与生产行为者的切身利益直接联系起来，就是要强化每一个员工的安全意识。务必使广大员工明白，颁布禁令的目的不是为了处罚谁，而是从根本上关心和爱护员工，通过保护每一个员工的生命和财产进而保护全社会的利益。

(3)从关键部位入手，求真务实，确保安全生产大局。禁令禁止的六种违章生产行为，长期以来真实、普遍、顽固地存在于生产活动中，是造成企业生产事故居高不下的薄弱环节，是引发严重生产事故的关键部位，是造成事故伤害程度最为严重的重要岗位。当务之急就是要从关键部位、薄弱环节、主要矛盾入手，重点突破、由点及面，确保安全生产大局稳定，禁令体现的就是这样一种战略思路。

(4)遵循生产规律，循序渐进，构建中国石油安全文化。在安全文化的自然本能、严格监督、自主管理和团队管理四个阶段中，事故发生率是呈递减规律的。由于中国工业化开始的时间较晚，员工素质较低，安全理念的提升只能通过不断的、科学完善的培训来实现，针对每个阶段的主要问题，采取每个阶段最适宜的管理办法。中国石油安全文化建设正处在由法制监督向自我约束过渡的时期，加快安全文化建设进程的最有效办法就是依靠法制的力量。

(四)安全生产“四条红线”

为贯彻落实中国石油严格监管阶段的各项措施，特别是面对近年来国家对安全事故“零容忍”、严追责的高压态势，必须有效管控生产经营关键领域的重大风险，强化事故责任追究，确保各级安全生产责任落实。决定在关键风险领域和重要敏感时段，设置生产经营安全“四条红线”，并对发生的事故严肃追责问责。

1.安全生产“四条红线”内容

严守关键风险领域和重要敏感时段安全生产“四条红线”包括：

(1)可能导致火灾、爆炸、中毒、窒息、能量意外释放的高危和风险作业，如动火、进入受限空间、高处、吊装、临时用电、挖掘、管线打开，井下药剂注入、化学清洗、“四新”的试验与应用及危险化学品生产、储存、运输、使用、处置等高危和风险作业。

(2)可能导致着火爆炸的生产经营领域的油气泄漏，如油库、联合站、储气库、轻烃和炼化装置、加油加气站、“三高”油气井、输油气管道等。

(3)节假日和重要敏感时段(包括法定节假日、国家重大活动和会议期间)作业。

(4)油气井井控等关键作业。各单位必须按照“党政同责、一岗双责、失职追责”和“管业务必须管安会”要求，把安全生产“四条红线”与生产经营工作有机结合，突出专业管理，加强源控，科学合理安排生产经营任务和施工作业计划，严格监督落实各部门和各岗位的责任；严格落实承包商项目施工作业安全准入审查；严禁超越程序组织生产经营严禁安排赶工期、抢任务、超负荷、超能力生产作业；严禁在重要敏感时段和节假间安排高危作业，风险施工作业必须严格执行升级管理要求。

2.落实“四条红线”风险管控措施

各单位要对涉及安全生产“四条红线”的生产经营作业活动全面强化风险管控。

(1)要对高危和风险作业全面开展危害辨识，严格作业组织管理、严密作业群严细落实管控措施、严肃作业过程监管。强化旁站监督，加强施工作业方案、施工频的安全审查并严格监督执行，提升安全防范等级。

(2)要加强节假日和重要敏感时段监管力量，强化干部带班值班，提升现场风险管控能力。节假日和重要敏感时段生产方案不做变更、必须进行的风险作业要升级审批，严格现场确认和领导现场指挥。

(3)要严防油气生产经营领域的着火爆炸风险，加密生产巡检督查频次，提高巡检质量，及时解决发现的问题和隐患，严格履行生产经营中的变更管理程序，采取一切有效措施确保油气等介质不泄漏、不着火、不爆炸。

(4)要加强油气井井控管理，严格落实井控“联管连责”要求，油气井作业方对井控风险必须管控到位、措施到位、监督到位。要全面采取各项风险防控强制确保生产经营安全可控。

3.严肃追究事故责任

对于涉及“四条红线”的生产安全事故，将对有关责任人严肃处理：高危和风业发生的亡人事故；油气泄漏造成的火灾、爆炸事故；节假日及重要敏感时段发生人事故；井喷失控事故。

在上述任何一个领域发生的生产安全责任事故，单位主要领导，必须追责，因履职不到位、管理不到位、事故性质严重或造成较大负面影响的必须免职。同时视事故性质种原因追究上一级有关领导的责任，被免职的领导在处分期内不得在原单位继续任职。

对于中国石油内部甲乙双方发生的生产安全事故，按照"甲之同责、失职追事双查、有所区别"的原则，根据责任情况从严追究各相关方企业的事故责任，确保各级管理责任和监督责任落实到位。

（五）生产安全六项较大风险

中国石油全面分析了近年来的生产安全事故，深刻反思了事故教训，对生产安全风险进行了再认识和再识别。明确提出中国石油除已经确定的包括"勘探开发、炼油化工、大型储库、油气管道、海上作业、油气销售、交通运输及自然灾害"的安全八大风险，以及包括"安全事故次生灾害、危化品泄漏、油气泄漏污染、放射性火工品散失、环境违法废排放"的六大环保风险外，在生产安全方面还存在以下六项较大风险，即：

（1）节假日管理力量单薄的风险。

（2）季节转换期人员不适应的风险。

（3）改革调整期人员思想波动风险。

（4）承包商管不住的风险。

（5）检维修监管不到位、许可管理不到位的风险。

（6）新工艺、新技术、新产品（设备）、新材料应用带来的风险。

为全面加强中国石油生产安全六项较大风险管控，严守关键风险领域和重要敏感时段安全生产"四条红线"，坚决遏制上述六个方面生产安全事故多发频发的势头，将重点加强六项较大风险防控措施的安全督查。根据风险防控及检查需要，中国石油组织制定了生产安全六项较大风险管控措施落实情况检查表，明确了各项较大风险的防控措施及检落实要求，具体内容见表 6－1。

表 6－1　六项较大风险管控措施落实情况检查内容（具体检查内容略）

六项较大风险	检查项目
1. 节假日管理力量单薄的风险	检查加强节假日管理制度或方案的制定情况
	检查加强节假日管理制度或方案的宣贯落实情况

续表

六项较大风险	检查项目
1.节假日管理力量单薄的风险	检查节假日期间禁止高危作业要求的执行情况
	检查除禁止项目之外作业项目的升级管理执行情况
	检查节假日领导干部带班的执行情况
	检查节假日期间升级管理的施工作业现场监管情况
2.季节转换期人员不适应的风险	检查春季防雷防静电设施的监测管理情况
	检查雷雨季节风险防控措施落实情况
	检查夏季易燃易爆企业防高温管理情况
	检查冬季安全生产管理措施的实施情况
	检查自然灾害应对的准备情况
3.改革调整期人员思想波动风险	检查企事业单位的重组、改制期间的安全管理情况
	检查企业及二级单位主要领导岗位调整期间的管理情况
4.承包商管不住的风险	检查企业对《中国石油天然气集团公司关于进一步加强承包商施工作业安全准入管理的意见》(中油办〔2017〕109号)的落实情况
	检查企业对承包商管理的基础工作情况
	检查企业对承包商准入能力评估的开展情况
	检查企业对承包商施工作业过程的监管情况
	检查企业对承包商安全绩效评估开展情况
5.检维修监管不到位、许可管理不到位的风险	检查企业检维修的组织与管理情况
	检查企业检维修过程安全监督情况
	检查企业作业许可证管理情况
6.新工艺、新技术、新产品(设备)、新材料应用带来的风险	检查新工艺、新技术、新设备、新材料的准入管理情况
	检查项目建设期使用新工艺、新技术、新设备、新材料管理情况
	检查正常生产时使用新工艺、新技术、新设备、新材料管理情况
	检查使用新工艺、新技术、新设备、新材料培训管理情况

第四节　常用安全评价方法

安全评价是指为实现生产过程的安全，安全评价工程师利用安全系统工程基本原理和方法，即对生产过程中流程、系统运作、流水作业状况、生产设备等可能会带来爆炸事故或者对员工身体造成危害的可能性因素和危害程度进行系统的分析和推测，从而制定科学有效合理的可行性防范和应对措施。这种对生产过程进行风险和危害的评价活动就是安全评价。安全评价可以针对一项单独的事物，也可以是以区域为单位进行。根据安全评价不同量化程度，可以分为定性和定量两种安全评价。

企业通过进行安全评价，可以实现以下四个目的：

(1)是企业的生产达到本质上的安全要求。

(2)通过安全评价，可以对过程中可能出现的问题进行提前分析，并在生产开始之前进行有效的改进，通过对安全性的有效检测实现安全生产。

(3)通过安全评价可以为企业起步安全可行的生产方案和安全管理依据。

(4)通过安全评价可以为一个化工企业生产迈向标准化和规范化提供有利的条件。

一、定性安全评价方法

(一)安全检查表法

安全交通检查表法是为了查找工程、系统中各种设备、设施、物料、工件、操作、管理和组织措施中危险有害因素，事先把检查对象加以分解，将大系统分割成若干个小的子系统，以提问或者打分的形式，将检查项目列表逐项检查。安全检查表分析法简单、经济、实效，因而被经常使用。但因为它是以经验为主的方法，所以用于安全评价时，成功与否在很大的程度上取决于检查表编制人员的专业知识和经验水平。如果检查表不完整，评价人员就很难对危险性状况做出有效的分析。安全检查表简单、经济、有效，可用于安全生产管理和熟知的工艺设计、物料、设备或操作非常的分析，也可用于新工艺过程的早期开发阶段，来识别和消除在类似系统多年操作中所发现的危险，但用于定性分析时，不能提供事故后果及危险性分析。

(二)预先危险分析

预先危险分析,又称初步危险分析,是一项为实现系统安全进行危害分析的措施工作。常用于对检测危险了解较少和无法凭经验觉察的工艺项目的初步设计或工艺装置的研发和开发中,或用于对危险物质和项目装置的主要工艺区域等。开发初期阶段包括设计、施工和生产前对物料、装置、工艺过程以及能量失控时可能出现危险性类别、出现条件及可能导致事故的后果。做宏观的概率分析。完成危险预先分析的过程应考虑以下因素:

(1)物料好危险设备,如燃料、高反应活性物质、有毒物质爆炸、高压系统、其他储能系统。

(2)设备与物料之间与安全有关的隔离装置,如物料的相互作用、火灾爆炸产生和发展控制停车系统。

(3)影响设备和物流的环境因素,如地震、振动、极端环境温度、湿度。

(4)操作、测试、维修及紧急处置规程,如人为失误重要性、操作人员的作用,设备布置可接近性、人员的安全防护。

(5)辅助设置,如储槽、测试设备、培训、公用工程。

(6)与安全有关的设备,如调节系统、备用、灭火以及人员保护设备。

对工艺过程的每一个区域,都要识别危险并分析这些危险的可能原因及导致事故的可能后果。通常,列出足够数量的原因,以判断事故的可靠性或可能性,然后分析每种事故所造成的后果。这些后果表示可能事故的最坏结果,最后列出消除或减少危险的建议。

二、概率危险性评价方法

(一)故障类型及影响分析

故障类型及影响分析,是采用系统分割的方法,根据需要把系统分割成子系统或进一步分割成原件,首先逐个分析元件可能发生的故障和故障类型,进而分析故障对子系统乃至整个系统的影响。最后采取措施加以解决。失效模式及效应分析(Failure Mode and Effect Analysis)分为以下四个步骤:

(1)明确分析的对象及范围,并分析系统的功能、特征及运行条件,按照功能划分为若干个子系统,找出各自系统的功能,结构与动作上的相互联系,收集有关资料，如设计任务书、设计说明书、有关标准、规范、工艺流程等。了解故障机理。

(2)确定分析的基本要求，通常满足以下四个方面：

1)分清系统主要功能和次要功能在不同阶段的任务。

2)逐个分析易发生故障的零部件。

3)关键部分要深入分析，思想部分分析可简略。

4)有切实可行的监测方法和处置处理措施。

(3)详细说明所分析的系统，包括两部分内容：

1)系统的功能说明，包含各子系统及其构成要素的功能叙述。

2)系统功能框图，通过同解方式形象来表示出各子系统在故障状态时对整个系统的影响。

(4)分析故障类型及影响，通过对系统功能框图所列全部项目的分析，判明系统中所有可能出现的故障类型。

(二)事故数分析

事故数分析(Fault Tree Analysis)是从结果到原因，找出与灾害事故有关的各种因素之间的因果关系及逻辑关系的分析方法。用图形的方式表明系统是怎样发生故障的，包括人和环境的影响，对系统故障的作用，有层次的描述在系统故障中各中间事件的相互关系。事故树的分析有以下四个步骤：

(1)详细了解系统状态及各种参数，给出工艺流程图或全面布置图。

(2)收集在国内外同行业、同类装置曾经发送的事故案例，从中找出后果严重较易发生的事故作为顶上事件。根据经验教训和事故案例，经统计分析后求解施工发生的概率，确定要控制事故目标值。然后从顶上事件按其逻辑关系构建事故数。

(3)做定性分析，写出顶上事件的结果函数，通过布尔代数化简，得出最小害集，确定各基本事件的结构重要程度。

(4)定量分析，根据基本事件概率，定量地计算出顶上事件发生的概率。

事故树能识别出导致事故的基本事件、基本的设备故障与人为失误的组合，可以为人们提供设法避免或减少导致事故基本原因的途径，从而降低事故发生的可能性。对导致灾害事故的各种因素及逻辑关系做出全面、简洁和形象的描述，便于查明系统内固有的或潜在的各种危险因素。为设计、施工和管理提供科学依据。但是事故树的步骤较多，计算比较复杂，在国内数据较少，进行定量分析还需要做大量的工作。

事件数是一种图解形式，从原因到结果，可强严重事故的动态发展过程全部揭示出来。其优点是概率可以按照路径为基础分到节点，整个结果的范围可以在整个树中得到改善。事件树是依赖于时间的，在检查系统和人的响应造成潜在安全事故时是理想的，但是事件树成长很快，为了保持合理的大小，往往需要使分析非常粗略，缺少像事故树的数学混合应用。

（三）危险指数评价法

1. 道化法

道化法全称为道化学公司火灾、爆炸指数危险评价法，是由道化学公司创立的，在化工企业安全生产过程中，用于对工艺过程发生火灾，爆炸事故的危险性作出评价，制定一定的应急措施，以提高安全生产水平的方法。道化法从确定物质的系统系数 MF 开始，通过考虑单元的工艺条件，选取适当的危险系数，计算一般工艺危险系数与特殊工艺危险系数，相乘得出公益单元危险性系数，再将工艺单元危险系数和特殊工艺危险系数相乘，求出火灾爆炸危险系数 F&EI，并可以进一步求出暴露面积，实际最大可能的财产损失以及停产损失等。从而直观量化地表示出化工生产流程的危险性，便于进行危险性判断与生产流程优化。若危险系数过高，可通过改善单元防火设备，容器抗压能力等手段提高安全系统。直至达到安全生产要求。道化法计算流程如图 6-1 所示。

2. ICI 蒙德法

1974 年英国帝国化学公司蒙格布在对现有装置及计划建设装置的危险研究中，以道化学方法思想为基础，发展了一套对具有火灾、爆炸、毒性危险性的装置进行安全评价的方法，即蒙德法。该方法对道化学法进行了几个方面的补充，其中，最重要的两个方面研究：

（1）引进毒性的概念，将道化学公司的“火灾爆炸指数”扩展到包括物质毒性在内的火灾、爆炸、毒性指标的初期评价，使对装置潜在危险性的初期评价更加切合实际。

（2）发展的容器、安全态度等补偿系数，对采取安全对策措施加以补偿后的情况进行最终评价，从而使预测定量化更具有实用意义。

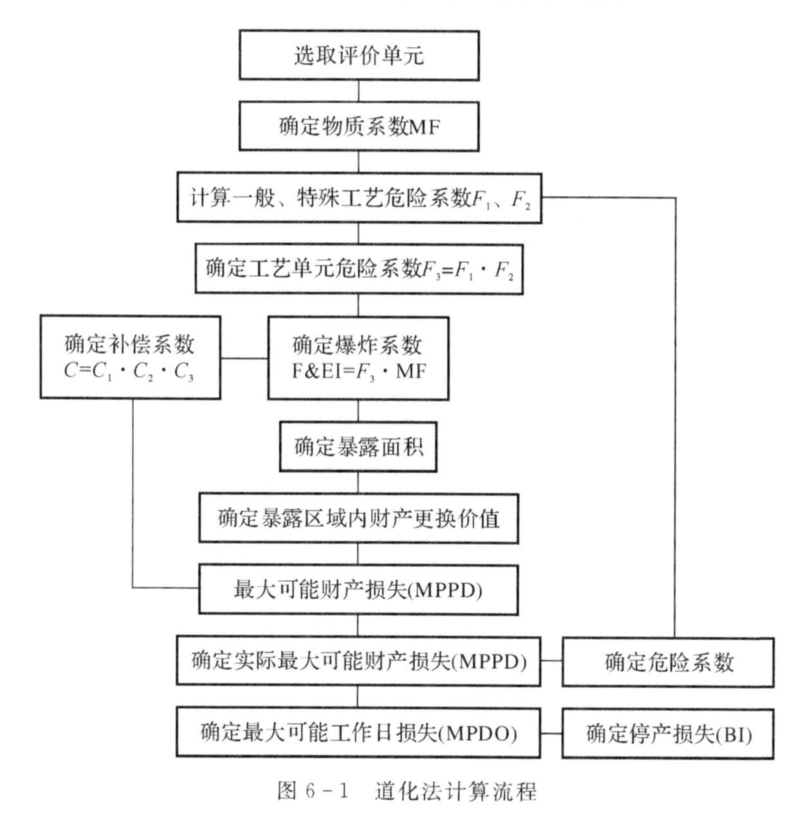

图 6－1　道化法计算流程

3. 化工厂危险程度分级法

1992 年，由原化工部劳动保护研究所研制开发的“化工厂归集程度分级”项目通过了劳动部组织的专家鉴定。该项目“道化学评价方法”为基础，结合我国化工企业实际，提出了评价整个化工危险性的方法。评价过程主要分为以下几个部分：

(1)按工艺流程或设备布局划分为若干个单元。

(2) 确定单元内主要物质的火灾爆炸性指数 F_i 和毒性指标 P_i 求出物质指数 M_i：

$$M_i = F_i + P_i$$

(3) 根据各危险物质所处的公益状态及其量，分别确定相应的状态系数 K_i 和物质量 W_i，从而求得单元的物量指数 WF：

$$WF = (\sum M_i^3 \cdot K_i \cdot W_i)^{\frac{1}{3}}$$

(4) 根据设计中的工艺条件、设备状况、厂房结构及环境情况等，确定相应的修正系数：工艺系数 α_1、设备系数 α_2、厂方系数 α_3、环境系数 α_4。

(5) 求出单元的固有危险 g'_j：

$$g'_j = WF \cdot \alpha_1 \cdot \alpha_2 \cdot \alpha_3 \cdot \alpha_4$$

(6) 根据设计中安全设施配置情况，确定单元的安全设施修整系统 α_5。

(7) 求单元现实危险系数 g_j：

$$g_j = g'_j \cdot \alpha_5$$

(8) 计算系统的危险指数 G：

$$G = \left(\frac{\sum_{j=1}^{5} g_j^2}{5} \right)^{\frac{1}{2}}$$

4. 化工企业六阶段安全评价法

化工企业六阶段安全评价法于20世纪70年代首先在日本建立起来。该方法通过综合使用定性与定量安全评价方法，由安全检查表初步查明各部分存在的潜在危险并简单分类，再根据定性条件评出表示危险性大小的分数。然后，根据总危险分数采取相应的安全对策，是一种较为完善、实用的安全评价方法。

第一阶段为资料准备，通过收集资料，熟悉政策和了解情况，为进一步评价做好准备。

第二阶段为定性评价，通过采用安全检查表，对厂区布置、工艺流程、生产设备、消防系统、安全设施等进行检查评价，初步了解化工生产流程危险源。

第三阶段为定量评价，包括对物质、容量、温度、压力和操作等项目进行检查，单元总危险分数即为各项危险分数之和，并以此为依据，确定危险等级。

第四阶段为安全对策，根据前一阶段评价得出的危险等级，制定应急预案，采取具有针对性的安全措施，对可能造成事故的隐患进行排查。

第五阶段为利用事故数据进行再评价，按照化工生产流程，参照类似流程与设备事故资料进行再评价，若不符合安全要求，返回上一阶段重新评价，直至达到安全要求为止。

第六阶段为利用事故树和事件树进行再评价，对于危险程度相对较高的项目，应利用事故树与事件树法进行再评价，直至达到安全生产要求为止。

第七章　典型安全事故案例

本章对近年来国内公开报道的典型 VOCs 治理工程安全事故进行统计，总结归纳 VOCs 治理工程安全的研究进展，从安全研究和安全管理两方面提出解决 VOCs 治理工程安全问题的建议，以期为国内同行提供借鉴。

第一节　事 故 报 告

一、事故报告的规定

《生产安全事故报告和调查处理条例》规定：事故报告应当及时、准确、完整，任何单位和个人对事故不得迟报、漏报、谎报或者瞒报。

《安全生产法》规定：生产经营单位发生生产安全事故后，事故现场有关人员应当立即报告本单位负责人。

单位负责人接到事故报告后，应当迅速采取有效措施，组织抢救，防止事故扩大，减少人员伤亡和财产损失，并按照国家有关规定立即如实报告当地负有安全生产监督管理职责的部门，不得隐瞒不报、谎报或者迟报，不得故意破坏事故现场、毁灭有关证据。

负有安全生产监督管理职责的部门接到事故报告后，应当立即按照国家有关规定上报事故情况。负有安全生产监督管理职责的部门和有关地方人民政府对事故情况不得隐瞒不报、谎报或者迟报。

二、事故报告的范围、时限、内容、方式

（一）事故报告的范围

事故报告的范围：工矿商贸企业伤亡事故；火灾、道路交通、水上交通、铁路交通、民航飞行、农用机械和渔业船舶伤亡事故及其他社会影响重大的事故

和重特大未遂伤亡事故。社会影响重大的事故和重特大未遂伤亡事故是指：

(1)造成10人以上(含10人)受伤(中毒、灼烫及其他伤害)；

(2)造成10人被困或下落不明，涉险50人以上的重特大未遂伤亡事故；

(3) 紧急疏散人员100人以上(含100人)；住院观察治疗50人以上(含50人)；

(4)对环境造成严重污染(饮用水源、湖泊、河流、水库、空气等)；

(5)危及重要场所和设施安全(车站、码头、港口、机场、人员密集场所、水利设施、军用设施、核设施、危化品库、油气站等)；

(6)大面积火灾事故、人员密集和重要场所事故、严重爆炸事故；

(7)轮船翻沉、列车脱轨、城市地铁、轨道交通及民航飞行事故；

(8)建筑物大面积坍塌、大型水利、电力设施事故，海上石油钻井平台垮塌倾覆事故；

(9)涉及外宾、重要人员的伤亡事故；

(10)其他社会影响重大的事故。

(二)事故报告的时限

(1)事故发生后，事故现场有关人员应当立即向本单位负责人报告；情况紧急时，事故现场有关人员可以直接向事故发生地县级以上人民政府安全生产监督管理部门和负有安全生产监督管理职责的有关部门报告。

(2)单位负责人接到报告后，应当于1 h内向事故发生地县级以上人民政府安全生产监督管理部门和负有安全生产监督管理职责的有关部门报告。

(3)安全生产监督管理部门和负有安全生产监督管理职责的有关部门逐级上报事故情况，每级上报的时间不得超过2 h。

1)特别重大事故、重大事故逐级上报至国务院安全生产监督管理部门和负有安全生产监督管理职责的有关部门。

2)较大事故逐级上报至省、自治区、直辖市人民政府安全生产监督管理部门和负有安全生产监督管理职责的有关部门。

3)一般事故上报至设区的市级人民政府安全生产监督管理部门和负有安全生产监督管理职责的有关部门。

安全生产监督管理部门和负有安全生产监督管理职责的有关部门依照前款规定上报事故情况，应当同时报告本级人民政府。

4)国务院安全生产监督管理部门和负有安全生产监督管理职责的有关部门以及省级人民政府接到发生特别重大事故、重大事故的报告后，应当立即报告国务院。

必要时，安全生产监督管理部门和负有安全生产监督管理职责的有关部门可以越级上报事故情况。

(三)事故报告的内容

(1)事故发生单位概况；

(2)事故发生的时间、地点以及事故现场情况；

(3)事故的简要经过；

(4)事故已经造成或者可能造成的伤亡人数(包括下落不明的人数)和初步估计的直接经济损失；

(5)已经采取的措施；

(6)其他应当报告的情况。

(四)事故报告的方式

接到事故信息后，根据事故情况，按以下方式逐级报送：一次死亡(遇险)10人以下事故使用生产监督管理总局统一的网络传输软件报送，尚不具备网络传输条件的可使用传真报送；一次死亡(遇险)10人以上(含10人)事故、社会影响重大事故和重特大未逐伤亡事故发生后，使用网络传输软件和电话同时报告，不具备网络传输条件的使用传真和电话同时报告。

第二节　事故调查组织

一、事故调查的目的

(1)查清事故发生的经过；

(2)科学分析事故原因，查出发生事故的内外关系；

(3)总结事故发生的教训和规律，提出有针对性的措施，防止类似事故再度发生。

二、国家和部门有关事故调查的原则与程序

(一)事故调查的原则

我国事故调查遵循属地管理、分级调查的原则。

特别重大事故由国务院或者国务院授权有关部门组织事故调查组进行调查。重大事故、较大事故、一般事故分别由事故发生地省级人民政府、设区的市级人民政府、县级人民政府负责调查。省级人民政府、设区的市级人民政府、县级人民政府可以直接组织事故调查组进行调查，也可以授权或者委托有关部门组织事故调查组进行调查。未造成人员伤亡的一般事故，县级人民政府也可以委托事故发生单位组织事故调查组进行调查。

上级人民政府认为必要时，可以调查由下级人民政府负责调查的事故。自事故发生之日起30日内(道路交通事故、火灾事故自发生之日起7日内)，因事故伤亡人数变化导致事故等级发生变化，应当由上级人民政府负责调查的，上级人民政府可以另行组织事故调查组进行调查。特别重大事故以下等级事故，事故发生地与事故发生单位不在同一个县级以上行政区域的，由事故发生地人民政府负责调查，事故发生单位所在地人民政府应当派人参加。

(二)事故调查的程序

(1)事故通报；
(2)成立事故调查小组；
(3)处理事故现场；
(4)收集事故有关物证；
(5)收集事故事实材料；
(6)事故人证材料收集记录；
(7)事故现场摄影及拍照；
(8)绘制事故图(表)；
(9)事故原因分析；
(10)编写事故报告；
(11)事故调查结案归档。

三、国家对事故调查组组成的有关规定

事故调查组的组成应当遵循精简、效能的原则。根据事故的具体情况，事故调查组由有关人民政府、安全生产监督管理部门、负有安全生产监督管理职责的有关部门、监察机关、公安机关以及工会派人组成，并应当邀请人民检察院派人参加。事故调查组可以聘请有关专家参与调查。

四、事故调查组的人员构成要求、工作程序、任务、责任和权利

(一)《企业职工伤亡事故调查分析规则》的规定

对于死亡事故、重伤事故，应按如下步骤进行调查，轻伤事故的调查可参照执行：

(1)事故的现场处理；

(2)物证搜集；

(3)事故事实材料搜集；

(4)证人材料搜集；

(5)向被调查者搜集材料，对证人的口述材料，认真考证其真实程度；

(6)现场摄影；

(7)事故图绘制。

(二)《生产安全事故报告和调查处理条例》的规定

1.事故调查组的人员构成

事故调查组成员应当具有事故调查所需要的知识和专长，并与所调查的事故没有直接利害关系。事故调查组组长由负责事故调查的人民政府指定。事故调查组组长主持事故调查组的工作。

2.事故调查组的职责

查明事故发生的经过、原因、人员伤亡情况及直接经济损失；认定事故的性质和事故责任；提出对事故责任者的处理建议；总结事故教训，提出防范和整改措施；提交事故报告。

3.事故调查组的权利

事故调查组有权向有关单位和个人了解与事故有关的情况，并要求其提供相关文件、资料，有关单位和个人不得拒绝。事故调查组应当自事故发生之日起 60 日内提交事故报告；特殊情况下，经负责事故调查的人民政府批准，提交事故报告的期限可以适当延长，但延长的期限最长不超过 60 日。

(三)《火灾事故调查规定》中关于对火灾事故调查的规定

1.调查组的工作程序

火灾事故调查人员接到调查任务后,应当立即赶赴火灾现场,开展火灾事故调查工作。公安消防机构有权根据需要封闭火灾现场,有关单位、个人应当积极配合和协助保护火灾现场。

重、特大火灾事故调查,应当成立火灾事故调查组,并根据火灾事故调查的需要,邀请有关部门和技术专家参加。

2.调查组的职责

查明事故发生原因、过程和人员伤亡、经济损失情况;查明事故的性质和责任;提出对事故责任者的处理建议;提出事故处理及防止类似事故再次发生所应采取措施的建议;写出事故报告。

3.调查组的权利

起火单位和个人应当主动、如实地提供火灾事实的情况;公安消防机构根据需要,可以传唤有关责任人员,对不接受传唤和逃避传唤的可以强制传唤;根据火灾事故调查的需要,公安消防机构对复杂疑难的火灾事故可以进行模拟试验;等等。

第三节 事故原因分析

一、企业职工伤亡事故调查分析规则、伤亡事故分类等有关标准

依据国家标准《企业职工伤亡事故调查分析规则》进行事故调查分析;依据《企业职工伤亡事故分类标准》进行伤亡事故分类。

二、事故直接原因、间接原因的分析方法

对一起事故的原因详细分析,通常有两个层次,即直接原因和间接原因。事故调查分析原因时,主要依据《企业职工伤亡事故调查分析规则》(GB/T 6442—1986)。在标准中对事故的直接原因、间接原因的分析有明确的规定。在分析事故时,应从直接原因入手,逐步深入间接原因,从而掌握事故的全部原因。再分清主次,进行责任分析。事故调查人员应集中于导致事故发生的

每一个事件,同样要集中于各个事件在事故发生过程中的先后顺序。事故类型对于事故调查人员也是十分重要的。

(一)事故直接原因分析

《企业职工伤亡事故调查分析规则》(GB/T 6442—1986)中规定,属于下列情况者为直接原因:

(1)机械、物质或环境的不安全状态;

(2)人的不安全行为。

(二)事故间接原因分析

《企业职工伤亡事故调查分析规则》(GB/T 6442—1986)中规定,属于下列情况者为间接原因:

(1)技术和设计上有缺陷:工业构件、建筑物、机械设备、仪器仪表、工艺过程、操作方法、维修检验等的设计、施工和材料使用存在问题。

(2)教育培训不够,未经培训,缺乏或不懂安全操作技术知识。

(3)劳动组织不合理。

(4)对现场工作缺乏检查或指导错误。

(5)没有安全操作规程或安全操作规程不健全。

(6)没有或不认真实施事故防范措施;对事故隐患整改不力。

(7)其他原因。

三、伤亡事故的分类

(一)按伤害程度分类

按伤害程度分类指事故发生后,按事故对受伤害者造成损伤以致劳动能力丧失的程度分类。此种分类是按伤亡事故造成损失工作日的多少来衡量的,而损失工作日是指受伤害者丧失劳动能力(简称失能)的工作日。各种伤害情况的损失工作日数,可按《企业职工伤亡事故分类标准》(GB 5441—1986)中的有关规定计算或选取。

(1)轻伤事故,指损失 1 个工作日以上(含 1 个工作日),105 个工作日以下的失能伤害;

(2)重伤事故,指损失工作日为 105 个工作日以上(含 105 个工作日)的失能伤害,重伤的损失工作日最多不超过 60 日;

(3)死亡事故,其损失工作日定为6 000日,这是根据我国职工的平均退休年龄和平均死亡年龄计算出来的。

(二)按造成的人员伤亡或者直接经济损失分类

根据《生产安全事故报告和调查处理条例》,生产安全事故(简称事故)一般分为以下等级:

(1)特别重大事故,是指造成30人以上死亡,或者100人以上重伤(包括急性工业中毒,下同),或者1亿元以上直接经济损失的事故;

(2)重大事故,是指造成10人以上30人以下死亡;或者50人以上1人以下重伤,或者5 000万元以上1亿元以下直接经济损失的事故;

(3)较大事故,是指造成3人以上10人以下死亡,或者10人以上50人以下重伤,或者1 000万元以上5 000万元以下直接经济损失的事故:

(4)一般事故,是指造成3人以下死亡,或者10人以下重伤,或者1 000万元以下直接经济损失的事故。

注:"以上"包括本数,"以下"不包括本数。

(三)按事故类别分类

《企业职工伤亡事故分类》将事故类别划分为20类:物体打击;车辆伤害;机械伤害;起重伤害;触电;淹溺;灼烫;火灾;高处坠落;坍塌;冒顶片帮;透水;放炮;瓦斯爆炸;火药爆炸;锅炉爆炸;容器爆炸;其他爆炸;中毒和窒息;其他伤害。

第四节　事故责任分析

一、事故性质认定的原则和程序

(一)事故性质认定的原则

尊重事实,依法认定。

(二)事故性质认定的程序

1. 区分事故的性质

按事故的性质可分为以下几种:自然事故、技术事故、责任事故。

2. 确定事故的责任者

根据事故调查所确定的事实，通过对事故原因（包括直接原因和间接原因）的分析，找出对应于这些原因的人及其与事件的关系，确定是否属于事故责任者。按责任者与事故的关系分为直接责任者、领导责任者。

3. 事故责任分析

(1)按照事故调查确认的事实；

(2)按照有关组织管理（劳动组织、规程标准、规章制度、教育培训、操作方法）及生产技术因素（如规划设计、施工、安装、维护检修、生产指标），追究最初造成不安全状态（事故隐患）的责任；

(3)按照有关技术规定的性质、明确程度、技术难度，追究属于明显违反技术规定的责任，不追究属于未知领域的责任；

(4)根据事故后果（性质轻重、损失大小）和责任者应负的责任以及认识态度（抢救和防止事故扩大的态度、对调查事故的态度和表现）提出处理意见。

二、事故责任认定和处理的依据

(一)安全生产事故责任认定的依据

为了准确地实施处罚，必须依据客观事实分清事故责任。

(1)直接责任者：指其行为与事故的发生有直接关系的人员。

(2)主要责任者：指对事故的发生起主要作用的人员。

有下列情况之一时，应由肇事者或有关人员负直接责任或主要责任：

1)违章指挥或违章作业、冒险作业造成事故的；

2)违反安全生产责任制和操作规程，造成伤亡事故的；

3)违反劳动纪律、擅自开动机械设备或擅自更改、拆除、毁坏、挪用安全装置和设备，造成事故的。

(3)领导责任者：指对事故的发生负有领导责任的人员。

有下列情况之一时，有关领导应负领导责任：

1)由于安全生产责任制、安全生产规章和操作规程不健全，职工无章可循，造成伤亡事故的；

2)未按规定对职工进行安全教育和技术培训，或职工未经考试合格上岗操作造成伤亡事故的；

3)机械设备超过检修期限或超负荷运行,或因设备有缺陷又不采取措施,造成伤亡事故的;

4)作业环境不安全,又未采取措施,造成伤亡事故的;

5)新建、改建、扩建工程项目的尘毒治理和安全设施不与主体工程同时设计、同时施工、同时投入生产和使用,造成伤亡事故的。

(二)安全生产事故处理的依据

1.事故调查处理的原则

(1)实事求是、尊重科学的原则;

(2)“四不放过”(即事故原因没有查清楚不放过,事故责任者没有受到处理不放过,群众没有受到教育不放过,防范措施没有落实不放过)的原则;

(3)公正、公开的原则;

(4)分级管辖的原则。

2.事故调查处理的分工规定

(1)轻伤、重伤事故,由企业负责人或指定人员组织生产、技术、安全等有关人员及工会成员参加的事故调查组进行调查。对一次重伤3人以上(含3人)的重伤事故,安全生产监督综合管理部门视情况进行调查。

(2)一般死亡事故,由企业主管部门会同企业所在地设区的市(或者相当于设区的市一级)安全生产监督综合管理部门、纪检监察部门、公安部门、工会组成事故调查组,进行调查。县(区)级以下企业发生死亡事故,地市一级安全生产监督综合管理部门可视情况,委托县(市)一级安全生产监督综合管理部门参加事故调查。

上级安全生产监督综合管理部门委托下级安全生产监督综合管理部门参加调查时,原则上是委派下一级。

(3)重大死亡事故,按照企业的隶属关系由省、自治区、直辖市企业主管部门或者国务院有关主管部门会同同级安全生产监督综合管理部门、公安部门、纪检监察部门、工会组成事故调查组,进行调查。对一次死亡3人以上事故,省安全生产监督管理部门和有关部门可授权市(地)安全生产监督管理部门和有关部门调查,报省级安全生产监督管理部门批复结案。

(4)特别重大事故,按照事故发生单位的隶属关系,由省、自治区、直辖市人民政府参与,国家安全生产监督管理局会同行业有关主管部门成立特大事故调查组，负责事故的调查工作。国务院认为应由国务院调查的特大事故，由国务院或者国务院授权部门组织成立国务院特大事故调查组。

(5)按照规定参加调查组的单位，因故不能参加事故调查时，已组成的调查组可继续进行调查工作。

(6)对重大伤亡事故的调查，可邀请有关部门的专家参加。聘请有关方面的专家组成专家组，参与重大伤亡事故调查，提供技术支持。

三、事故性质的认定方法

对事故性质的认定可依据国家法规和标准《企业职工伤亡事故报告和处理规定》《生产安全事故报告和调查处理条例》《企业职工伤亡事故分类标准》等评定。认定时，依据造成事故的责任，事故一般分为责任事故和非责任事故。

第五节　事故统计与报表制度

一、事故统计的任务、统计分析的目的和步骤

(一)事故统计的任务

(1)对每起事故进行统计调查，弄清事故发生的情况和原因；

(2)对一定时间、一定范围内事故发生的情况进行测定；

(3)根据大量统计资料，借助数理统计手段，对一定时间、一定范围内事故发生的情况、趋势以及事故参数的分布进行分析、归纳和推断。

(二)事故统计分析的目的

通过合理地收集与事故有关的资料、数据，应用科学的统计方法，对大量重复显现的数字特征进行整理、加工、分析和推断，找出事故发生的规律和事故发生的原因，为制定法规、加强工作决策，采取预防措施，防止事故重复发生，起到重要指导作用。

(三)事故统计的步骤

1. 资料搜集

资料搜集又称统计调查，是根据统计分析的目的，对大量零星的原始材料

进行技术分组。它是整个事故统计工作的前提和基础。我国伤亡事故统计是一项经常性的统计工作，采用报告法，下级按照国家制定的报表制度，逐级将伤亡事故报表上报。

2.资料整理

资料整理又称统计汇总，是将搜集的事故资料进行审核、汇总，并根据事故统计的目的和要求计算有关数值。汇总的关键是统计分组，就是按一定的统计标志，将分组研究的对象划分为性质相同的组，如按事故类别、事故原因等分组，然后按组进行统计计算。

3.综合分析

综合分析是将汇总整理的资料及有关数值，填入统计表或绘制统计图，使大量的零星资料系统化、条理化、科学化，是统计工作的结果。

二、事故统计指标体系

（一）综合类伤亡事故统计指标体系

综合类伤亡事故统计指标体系包括事故起数、死亡事故起数、死亡人数、受伤人数、直接经济损失、重大事故起数、重大事故死亡人数、特大事故起数、特大事故死亡人数、特别重大事故起数、特别重大事故死亡人数、重大事故率、特大事故率。

（二）工矿企业类伤亡事故统计指标体系

工矿企业类伤亡事故统计指标体系包括煤矿企业伤亡事故统计指标、金属和非金属矿企业（原非煤矿山企业）伤亡事故统计指标、工商企业（原非矿山企业）伤亡事故统计指标、建筑业伤亡事故统计指标、危险化学品伤亡事故统计指标、烟花爆竹伤亡事故统计指标。这6类统计指标均包含伤亡事故起数、死亡事故起数、死亡人数、重伤人数、轻伤人数、直接经济损失、损失工作日、重大事故起数、重大事故死亡人数、特大事故起数、特大事故死亡人数、特别重大事故起数、特别重大事故死亡人数、千人死亡率、千人重伤率、百万工时死亡率、重大事故率、特大事故率。另外，煤矿企业伤亡事故统计指标还包含百万吨死亡率。

(三)行业类统计指标体系

(1)道路交通事故统计指标;
(2)火灾事故统计指标;
(3)水上交通事故统计指标;
(4)铁路交通事故统计指标;
(5)民航飞行事故统计指标;
(6)农机事故统计指标;
(7)渔业船舶事故统计指标。

(四)地区安全评价类统计指标体系

地区安全评价类统计指标体系包括死亡事故起数、死亡人数、直接经济损失、重大事故起数、重大事故死亡人数、特大事故起数、特大事故死亡人数、特别重大事故起数、特别重大事故死亡人数、亿元国内生产总值(GDP)死亡率、10 万人死亡率。

三、事故统计报表制度

(一)适用范围

中华人民共和国领域内从事生产经营活动的单位。

(二)统计内容

《生产安全事故统计报表制度》中最重要的就是两张基层报表,基层报表的各项指标归纳起来有以下 4 个方面。

1. 事故发生单位情况

事故发生单位情况包括事故单位的名称、单位地址、单位代码、邮政编码、从业人员数、企业规模、经济类型、所属行业、行业类别、行业中类、行业小类、主管部门。

2. 事故情况

事故情况包括事故发生地点、时间(年、月、日、时、分),事故类别,人员伤亡总数(死亡、重伤、轻伤),非本企业人员伤亡总数(死亡、重伤、轻伤),事故原因,损失工作日,直接经济损失,起因物,致害物,不安全状态,不安全行为。

3.事故概况

事故概况主要是事故经过、事故原因、事故教训和防范措施、结案情况、其他需要说明的情况。

4.伤亡人员情况

伤亡人员情况包括伤亡人员的姓名、性别、年龄、工种、工龄、文化程度、职业、伤害部位、伤害程度、受伤性质、就业类型、死亡日期、损失工作日。

(三)报表的报送程序

伤亡事故统计实行地区考核为主的制度,采用逐级上报的程序。

四、事故统计与分析方法

事故统计分析方法是以研究伤亡事故统计为基础的分析方法,伤亡事故统计有描述统计法和推理统计法两种。

经常用到的几种事故统计方法如下:

(1)综合分析法。

(2)分组分析法。

(3)算术平均法。

(4)相对指标比较法。

(5)统计图表法。

1)趋势图,即折线图,直观地展示伤亡事故的发生趋势。

2)柱状图,能够直观地反映不同分类项目所造成的伤亡事故指标大小比较。

3)饼图,即比例图,可以形象地反映不同分类项目所占的百分比。

(6)排列图。排列图也称主次图,是直方图与折线图的结合,直方图用来表示属于某项目的各分类的频次,而折线点则表示各分类的累积相对频次。排列图可以直观地显示出属于各分类的频数的大小及其占累积总数的百分比。

(7)控制图。控制图又叫管理图,把质量管理控制图中的不良率控制图方法引入伤亡事故发生情况的测定中,可以及时察觉伤亡事故发生的异常情况,有助于及时消除不安定因素,起到预防事故重复发生的作用。

第六节　事 故 案 例

近年来，各地频繁发生涉 VOCs 治理工程的安全事故，表 7－1 中的 16 起大小事故共造成 11 人死亡，超过 30 人不同程度受伤，经济损失达数千万元。

表 7－1　典型 VOCs 治理工程安全事故统计

治理技术	日期	地点	事故原因	事故后果
蓄热式焚烧技术（RTO）	2019－06－16	安徽	操作失误、设备缺陷	爆炸，设备严重受损
	2017－12－10	山东	设计处理风量过小	爆炸，多人受伤
	2016－10－12	广东	沉积物清理不及时	爆炸，多人受伤
	2015－03－27	江苏	废气稀释倍数不够	爆炸，经济损失 100 余万元
	2015－03－08	江苏	收集系统设计不合理	爆炸，经济损失 30 余万元
	2011－03－13	宁波	正压运行发生回火	爆炸，经济损失 100 余万元
活性炭吸附	2018－11－16	东莞	沉积物清理不及时	爆炸，1 人死亡，经济损失 140 万元
	2017－06－28	青海	操作失误	爆炸，4 人受伤
	2017－03－21	苏州	活性炭自燃	爆炸，1 人重伤
低温等离子体	2018－03－18	山东	高沸点物质累积、局部过热	爆炸，设备严重受损
	2017－12－19	山东	违章操作	爆炸，7 人死亡，4 人受伤
	2017－07－18	广东	技术选择不恰当	爆炸，多人受伤
	2017－06－20	天津	操作失误	爆炸，2 人死亡，2 人重伤
	2016－11－10	天津	金属粉尘累积	爆炸，1 人死亡，12 人受伤
冷凝回收	2016－06－01	天津	装置突然断电	泄露，空气污染物严重超标
	2014－07－03	新疆	调试操作不规范	爆炸，1 人重伤，2 人轻伤

VOCs 具有易燃易爆性，导致绝大多数事故都为爆炸类事故，所造成的后果往往较严重。

目前，大部分关于 VOCs 治理工程安全的研究都是基于一些具体的技术和案例开展的，根据经验分析事故发生的原因，并提出相应的安全改进措施。

从这些经验总结的结果来看，导致事故发生的原因大致可分为三类：治理技术选择不合理、工艺设计有缺陷、人为操作失误。

一、VOCs治理方式

(1)变更物料。采用含有低挥发性有机物的物料代替含有较高挥发性有机物的物料。

(2)变更工艺。开发生产工序少的工艺代替生产过程复杂的生产工艺，减少工艺环节中尾气的逸出。

(3)减少无组织排放。加强含VOCs物料全方位、全链条、全环节密闭管理，储罐、反应器高效密封，实行封闭式操作；生产车间实行密闭管理，减少废气外逸。

(4)减少泄漏。做好泵、管道等设备设施的维护保养工作，尽可能减少物料在输送过程中的泄漏。

(5)底部装车。油品充装采用底部装车方式，对装油时产生的油气进行密闭收集和回收。

(6)集中治理。配套建设VOCs收集、治理设施，对生产系统排出的尾气进行统一回收，集中处理，如采用蓄热式燃烧(RTO)、催化燃烧(RCO)、直接燃烧(TO)、活性炭吸附脱附、低温等离子等治理工艺。

二、VOCs治理中潜在的风险

(1)企业变更物料，未按照变更管理要求开展风险分析。

(2)油品或有机溶剂储罐实行密闭操作，可能造成罐顶呼吸阀不能正常工作，物料储存过程中的安全风险加大。

(3)含油污水池、污水处理系统实行封闭式管理，可能使可燃气体积聚，易发生爆炸事故；生产车间密闭管理，可能会造成厂房内通风不畅，使逸出的气体出现积聚，易发生爆炸。

(4)尾气集中收集，可能会使不同尾气相互发生反应或尾气窜入其他储罐并与储罐中的物料发生反应，带来新的安全风险。

(5)为控制油气挥发，在运行途中关闭槽罐车顶部呼吸阀与罐体间阀门，易造成槽罐内压力升高，在泄压时容易发生物料泄漏。

(6)增设环保治理设施，往往涉及动火作业等特殊作业，如果特殊作业管理与承包商管理不到位，容易引发火灾爆炸事故。

(7)增加油气或有机溶剂回收设施，容易导致与易燃易爆场所防火间距不足，进而增加安全风险。

(8)尾气治理改造中忽略了按规范要求选用防爆电气设施,在爆炸危险区域选用非防爆电气,存在电气火花引发火灾事故的风险。

新增 RTO 未进行安全风险评估论证,对于废气成分复杂的,未进行 HAZOP 分析并采取相应的安全措施。

改造完成后,员工培训不到位,试生产过程可能存在新的作业风险。

三、VOCs 改造过程中的风险管控

(1)全面、准确识别尾气回收和治理过程中存在的各种风险,把管控措施挺在前头。

(2)加强尾气回收设施改造时的风险评估,确保风险可控的情况下,再经正规设计,并加强改造施工作业管理。

(3)编制回收设施投用时的试生产方案,科学组织试生产工作。

(4)对不同尾气混合集中收集时,应对各种尾气间的相互影响开展风险分析,弄清尾气的危险特性。对尾气的组分,危险性、爆炸极限、闪点、燃点等进行检定和检测,全面掌握尾气的安全风险,避免发生反应。

(5)在密闭厂房内,应采用集气罩、气相软管等设施,回收无组织排放的气体,同时保持良好的通风,减少挥发物局部积聚现象。

(6)对 RTO 的点火装置与收集风机、混合气体紧急排空装置进行科学联锁保护,一旦出现点火故障、混合气体燃烧浓度不够等情况,应当联锁切断风机、止回阀门,同时排空系统内的爆炸性混合气体。

(7)对废(尾)气管道的防回燃(火)设施进行检查和优化,特别是对于车间、区域间、管道与 RTO 连接处等区域部位,应当组织专家对设置止回、防火、防爆等安全装置的安全风险进行辨识和论证,在确保安全的前提下设置防止回燃(火)的单向止回、防火阀等。

(8)油品及挥发性有机溶剂储存企业可结合实际采用氮封措施,避免油品、挥发性有机溶剂直接和空气接触,减少 VOCs 逸出。

事故牵动千万家,安全要靠你我他！安全无小事,不怕一万就怕万一！因为 VOCs 绝大部分都是易燃易爆气体,如果没有合理地选择工艺或规范操作运行管理流程,极易导致火灾、爆炸等设备安全事故的发生。

因此,无论是设计公司还是 VOCs 产生企业,都必须对废气净化设施装置的安全风险问题给予高度的重视,必须按照合理地选择工艺、规范地操作,这样才能防患于未然！

案例一　东营港经济开发区某安装工程有限公司“7・26”较大爆燃事故

2022年7月26日上午9时3分许，某安装工程有限公司（简称“A公司”）在东营港经济开发区东营市海科某化工有限公司（简称“B公司”）VOCs综合治理提升项目碳钢系统污油罐改造施工过程中发生爆燃事故，造成3人死亡，2人轻伤，直接经济损失约512.8万元。

（一）事故相关单位、项目及设备设施基本情况

1. A公司

成立时间：2004年5月21日；取得山东省住房和城乡建设厅颁发的《建筑业企业资质证书》，具有机电安装工程施工总承包一级、建筑工程施工总承包二级、石油化工工程施工总承包二级、环保工程专业承包三级资质等；具有建筑机电安装工程专业承包三级、环保工程专业承包三级、施工劳务不分等级、模板脚手架专业承包不分等级资质。

2. B公司

成立时间：2008年4月。现有15套生产装置及公辅工程，按规定取得了发改、消防、环保、安全生产“三同时”等手续；下设5个生产运行部门及储运部。

3. 事故项目及其合同签订、实施情况

B公司VOCs综合治理提升项目总投资1 900万元，通过东营港经济开发区经济发展局备案审查并取得“工业企业技术改造项目备案审查表”，于2021年8月31日取得“山东省建设项目备案证明”，于2021年12月15日进行了建设项目环境影响登记并取得“建设项目环境影响登记表”。

A公司于2021年12月8日出具了授权委托书，委托马某利为该公司代理人，“以该公司名义签署、澄清、说明B公司2022年零星、检修安装工程的施工等行为，负责安全施工等事务”。2022年3月26日与B公司签订了工程名称为2022年零星安装维修工程的“安装工程施工合同”，工程内容为焦化等装置2022年零星安装工程，依据该合同规定承揽了B公司VOCs综合治理

提升项目碳钢系统改造施工。

合同规定项目经理为刘某星，施工队长为王某，专职安全员孙某辰。实际由马某利、张某、孙某辰、王某、刘某星、孙某岩等人组成施工队伍实施合同内容。其中：马某利任施工队负责人，负责施工工程承揽；刘某星任资料员；张某任施工负责人，根据承揽的工程量组建具体施工队伍，全面负责施工管理；孙某辰任B公司VOCs综合治理提升项目碳钢系统施工小队长兼安全员；孙某岩任该项目碳钢系统污油罐改造施工组长兼事发当日动火监护人。

施工前B公司与A公司施工队共同确定了施工作业内容，编制并签字确认了施工方案。

4. 事故设备设施及其状态

事故污油罐罐顶拱高703 mm，材质Q235B碳钢，设计温度110 ℃，操作压力为常压，ϕ6 400 m×7 703 m，容积225 m^3，存储介质为污油、水。罐顶中心位置为透气孔(DN150)，日常为敞开状态，罐顶东南角为透光孔(DN500)，罐顶西北角为量油孔(DN150)，罐顶边缘设护栏。

污油罐VOCs改造工艺流程：在地面预制阻火器、切断阀等阀组；将罐顶原有法兰连接管线一端与罐顶断开，另一端在管廊上方相连接处断开，吊装至地面与阀组对接；将法兰连接管线与阀组的组合体吊装至罐顶进行安装。

事发前办理了“特殊动火安全作业证”，动火内容为在预制场进行电焊、气割、磨光机动火；动火时间为7月26日7时至7月26日14时58分；动火人为A公司张某银、王某乐；A公司动火监护人为孙某岩，B公司动火监护人为车某勇。

事发当天为晴天，无降水过程，能见度为2.4～2.9 km，温度为25.5～26.5 ℃，空气湿度为90%～95%，南风，风速为7.0～8.4 m/s。

(二)事故发生经过、应急处置情况

1. 事故发生经过

7月26日6时25分，B公司运行一部班长刘某良召集动火监护人车某勇及A公司张某银、王某乐、孙某岩参加晨会，对A公司施工人员状态、现场施工工具进行检查，告知A公司现场风险和管控措施及应急措施，安全交底内容为在预制场内进行预制。B公司安全总监张某英于6时59分签发了“特殊动火安全作业证”。A公司施工人员随后到达水罐区蓝色围挡预制区域内进行作业准备，车某勇在现场监护至7时30分离开。7时44分，A公司2名作

业人员爬上污油罐顶,并向罐顶搬运作业工具。8时30分,刘某良与接班班长张某龙交班、车某勇与接班操作工兼动火监护人王某瑞交班,交接内容为A公司在水罐区蓝色围挡区域内进行预制作业。8时46分左右,A公司作业人员开始在罐顶拆卸管段,8时54分左右完成罐顶管段拆卸。8时58分左右,王某瑞到达预制作业现场监护作业过程。9时23分左右,A公司3名作业人员开始在罐顶新加的阀组支架附近违规进行焊接作业。9时30分37秒,污油罐发生爆燃,罐体撕裂,导致1名A公司作业人员死亡、2名作业人员送医院抢救无效死亡,B公司2名人员救援中受轻伤。

2.应急处置情况

事故发生后,现场人员立即报告当班调度,B公司启动应急预案,组织现场人员及本公司专职消防队灭火,9时45分左右明火扑灭,并将发现的2名受伤人员(张某银、王某乐)送医院救治。

同时,东营港开发区工作人员在远处发现B公司厂区冒出黑烟后,立即向开发区管委会及其应急管理局负责人和管委会总值班室进行了报告;东营港立即启动应急响应。

9时36分,东营港经济开发区消防救援大队调派3辆消防车、15名消防指战员,于9时51分到达现场,根据现场浓烟、水蒸气较大且无明火的现状,组织冷却保护储罐。

10时左右,开发区管委会及其应急、生态环境等单位人员相继到达现场开展应急处置工作,对周边重点路段实行交通管制和警戒,对现场环境进行监测。10时20分,现场处置完毕;经确认无次生衍生灾害风险后,10时40分救援人员陆续撤离。

该事故共投入救援力量34人、各类救援车辆10辆次,紧急调运消防泡沫2余t;对周边生态环境未造成影响。

(三)事故谎报、瞒报情况

7月26日9时35分许,A公司张某银、王某乐被B公司救援车辆送往胜利石油管理局滨海医院。10时13分到达后,B公司陪同前往人员与A公司张某交接后返回公司;张某银经抢救无效死亡,王某乐抢救11分钟后死亡。

11时左右,张某英召集本公司人员问询情况,得知A公司两名伤者已送往医院抢救。11时10分,张某英清理现场时在事故罐基础与隔油池基础之间积水处发现死亡人员孙某岩,组织送往仙河殡仪馆。

事故发生时,B公司法定代表人、总经理许某军正在外出差,得知事故情况后边组织救援边赶回公司;13时左右到达B公司后,张某英向许某军汇报了事故情况。

13时30分左右,许某军到东营港开发区应急管理局报告山东亿维新材料有限责任公司(与B公司同为海科集团全资子公司,两个公司一套班子)上午9时30分左右发生高处坠落事故,造成1人死亡(A公司孙某岩)2人受伤(B公司王某瑞、冯某强),现场已清理完毕;未报A公司在施工中污油罐爆燃致张某银、王某乐受伤送医院救治情况。许某军从东营港开发区应急局返回B公司后,A公司马某利在B公司办公室告知许某军事故中共有3人死亡。许某军未向东营港应急局报告真实情况,构成谎报。

事故发生后,在B公司厂区的A公司孙某辰立即电话通知张某,张某随后到胜利石油管理局滨海医院、仙河殡仪馆确认死者身份,将事故情况汇报给马某利,马某利于当日下午电话向A公司法定代表人张某森和副总刘某汇报了事故情况。A公司未按规定向事故发生地应急管理部门和负有安全生产监督管理职责的有关部门报告事故情况,构成瞒报。

(四)事故原因和性质

1.直接原因

A公司施工人员在污油罐存有污油、罐顶中心透气孔敞开的情况下,超出“特殊动火安全作业证”许可作业范围,违规在罐顶中心透气口附近动火作业,引燃污油罐上方气相空间的爆炸气体混合物,导致爆燃。

2.间接原因

(1)A公司未落实施工单位安全生产主体责任,对施工队管理不到位。

1)A公司安全管理混乱。

a.未健全并落实全员安全生产责任制。未制定特种作业人员安全生产责任制,公司主要负责人、安全总监、工程管理部部长等未按规定落实安全生产责任,致使隐患排查治理、安全教育培训等工作落实不到位。

b.安全生产管理制度和操作规程特别是危险作业管理制度和操作规程严重不落实。施工队未认真执行有关动火作业的法律法规、标准规范以及本公司《用火安全管理》和《焊工安全操作规程》有关规定。事发作业前未落实现场安全条件,超出“特殊动火安全作业证”许可作业范围,到存在未清空置换且有敞口设施等隐患的污油罐顶动火作业。

c.对外派施工队伍管理不到位。对施工队以签订“承包经营合同”的形式,以包代管,仅通过在微信群发送公司的制度和规程实现对施工队的安全管理。

d.安全风险分析不到位。施工队未对承揽施工内容的风险进行辨识、未采取相应的安全施工措施和管控措施,未正确辨识动火作业的风险并采取相应的管控措施。未对事故当日动火作业风险进行充分辨识,动火作业前未安排人员对动火作业条件存在的风险进行辨识、治理,致使超出“特殊动火安全作业证”许可作业范围,在污油罐上方气相空间存有爆炸气体混合物等安全风险的情况下动火作业。

e.隐患排查治理不到位。2022年初至事故发生,该公司未到施工队施工现场开展隐患排查治理工作;施工队未严格按照本公司《安全生产检查制度》规定进行隐患排查治理。

f.安全教育培训不到位。未严格按照公司《安全生产教育制度》要求对员工开展安全教育培训,除马某利外施工队人员均未接受过公司级的安全教育培训。施工队人员培训教育记录表中仅记录了培训时间、培训内容,未记录参加人员以及考核结果等情况,未按照本公司《安全教育培训制度》规定对新进员工进行教育培训,施工队对聘用人员以考试替代上岗前安全教育培训。

2)施工队安全生产管理混乱。

a.未认真执行有关动火作业的法律法规、标准规范。该施工队动火作业前未到现场确认安全措施,未落实现场作业安全条件,未及时发现动火地点污油罐未清空置换、动火地点附近有敞口设施等隐患,在不具备动火条件的情况下,该施工队超许可范围违规在污油罐顶进行动火作业。

b.动火监护人未认真履行监护职责。动火监护人未制止超许可范围违规动火作业,并共同实施超许可范围违规动火作业。

c.安全教育培训不到位。该施工队培训教育记录表中仅记录了培训时间、培训内容,未记录参加人员以及考核结果等情况,未根据本公司《安全教育培训制度》规定,对新进员工进行教育培训,对聘用人员以考试替代上岗前安全教育培训。

d.未严格落实隐患排查治理制度。施工队违反该公司《安全生产检查制度》“承包单位每月一次安全检查,项目部(工地)每天一次安全检查,班组进行班前、班后岗位检查”的规定,仅有6月1日至7月22日隐患排查表,频次为一周一次,未及时发现并制止事故当日的超范围违规动火作业。

(2)B公司未完全落实建设单位安全生产主体责任,对建设项目施工单位统一协调管理不到位。

1)风险辨识及管控措施不到位。违反安全生产风险分级管控相关规定及本公司《风险评价与分级管控制度》,将应列为一级红色管控由公司级负责的风险点(作业活动),判定为由班组、岗位级别管控的四级、五级蓝色风险点(作业活动),未根据实际风险采取相应管控措施。

2)特殊作业安全管理不到位。未严格执行《化学品生产单位特殊作业安全规范》(GB 30871—2018),作业前风险分析、现场确认环节存在缺陷,动火作业审批把关不严,安全措施落实不到位。

3)安全生产责任制严重不落实。该公司动火监护人、管理人员未认真落实本岗位安全生产责任制,未有效监督特殊动火作业的执行情况,未及时发现并制止施工人员超范围作业行为。

4)隐患排查治理不到位。该公司安全、生产管理人员及监护人对涉及事故的危险作业未开展隐患排查治理,未发现不具备动火条件的隐患。

5)对外来施工队伍管理不到位。对外来施工队伍安全生产条件把关不严,日常管理不到位,培训考核不到位;安全管理人员安全检查与协调管理落实不到位,对事发当日 A 公司施工队超特殊动火作业许可范围作业未及时制止。

3. 事故性质

经调查认定,东营港经济开发区某安装工程有限公司"7・26"爆燃事故是一起较大生产安全责任事故。

(五)事故防范和整改措施

1. 强化动火等特殊作业安全监管

持续深入开展特殊作业安全专项整治,组织开展动火等特殊作业安全专项执法检查,督促企业充分认识动火等特殊作业过程的重大安全风险,严格执行特殊作业相关规定,完善并严格执行特殊作业管理制度,强化风险辨识和管控,严格作业程序确认和作业许可审批,加强现场监督,确保各项安全要求落实到位。

2. 严格承包商和外来施工人员安全管理

督促企业将承包方和外来施工人员纳入本单位安全管理,建立健全承包商安全管理制度,签订安全协议,严格外来施工单位资质审核;对外来施工人员进行严格的入厂安全教育培训，培训不合格不得进厂作业。外来施工人员作业前，要严格审查承包方施工方案，向承包商作业人员进行现场安全交底，详细告知作业环境存在的安全风险、防控办法、应急措施等，强化施工现场和过程监督，安排具备监护能力的人员负责作业全过程的现场监护。

3.严格落实企业安全生产主体责任

督促企业全面落实全员安全生产责任制，把安全生产管理贯穿全员全过程全方位，尤其对承包商及外来施工、特殊作业岗位等关键环节实行全过程管控。强化企业安全风险意识，依法开展风险隐患排查治理，切实落实“谁辨识风险、谁控制风险、谁对风险后果负责”的主体责任。加强从业人员安全教育培训，实施全员安全培训计划，严格“三项岗位人员”考核，未经培训合格的职工一律不得上岗，切实提高从业人员安全意识、守法意识、职业技能和反“三违”的自觉性。

4.凝聚安全生产工作合力

要在抓推动落实上下更大功夫，对工作不落实不到位、排查风险不认真不彻底、重大隐患问题麻木不仁久拖不决、对人民群众生命安全不负责任的，依法依规严肃问责。

案例二　江苏连云港某生物科技有限公司“12·9”重大爆炸事故

2017年12月9日2时9分，连云港某生物科技有限公司（简称“C公司”）间二氯苯装置发生爆炸事故，造成10人死亡、1人轻伤，直接经济损失4 875万元。

（一）基本情况

1.事故企业基本概况

C公司经营范围：生物科技研发；间二硝基苯、2,4-D酸、间二氯苯、五硫化二磷、3,4′-二氯二苯醚、3-[2-氯-4-(三氟甲基)苯氧基]苯甲酸、氯化钠、2,4-二氯苯乙酮、2,4-二氯苯酚、间（邻、对）苯二胺的生产；化学品（苯、甲苯、二甲苯、2-氯硝基苯、4-氯硝基苯、间苯二酚、苯胺、硫酸、硝酸、盐酸、液碱、间苯二胺、间硝基苯胺、邻硝基苯胺、对硝基苯胺、2,4-二硝基甲苯、2,6-二硝基甲苯)批发。

2. 事故企业危险化学品生产经营许可情况

(1)危险化学品安全生产许可证领取情况。2011年3月1日,连云港朗轩化工有限公司首次取得“危险化学品生产企业安全生产许可证”,许可范围:1,3-二硝基苯(10 000 t/a)、废硫酸(9 000 t/a)、硝基苯(9 000 t/a)。

(2)危险化学品经营许可证领取情况。2016年12月30日,C公司取得“危险化学品经营许可证”,编号苏(连)危化经字00128,有效期至2019年12月29日,许可范围为易制爆危化品:2-硝基苯胺、3-硝基苯胺、4-硝基苯胺、2,4-二硝基甲苯、2,6-二硝基甲苯、硝基苯、硝酸(含量≥10%);一般危化品:苯、1,3-二甲苯、苯胺、2-氯硝基苯、4-氯硝基苯、1,3-苯二酚、1,2-苯二胺、1,4-苯二胺、1,3-苯二胺、氢氧化钠溶液、1,3-二硝基苯、1,2-二氯乙烷、氯苯、三氯化磷;易制毒化学品:甲基苯、硫酸、盐酸、乙酸酐。

3. 事故装置基本情况

(1)事故装置、生产工艺和自动控制情况。

1)事故装置。事故装置为间二氯苯生产装置,位于C公司四车间。四车间设置两条设备和工艺相同的间二氯苯生产线,产能为3 000 t/a间二氯苯,副产硝化混酸混合物7 600 t/a、盐酸5 000 t/a、间氯硝基苯115 t/a等。生产间二氯苯的原料是C公司三车间生产的固体间二硝基苯。

2)事故装置生产工艺。固体间二硝基苯加入脱水釜经加热、真空脱水后放入保温釜,用氮气压入高位槽,计量后进入氯化反应釜,在一定温度和微负压下,间二硝基苯与氯气反应制得粗间二氯苯,经精馏、水洗等工序制成间二氯苯。生产过程产生的精馏残液经减压蒸馏后分别得到杂1(1,3,5-三氯苯和间二氯苯)、杂2(1,2,4-三氯苯)、杂3(间氯硝基苯、间二氯苯、间硝基苯等),其中杂2、杂3又与脱水后的间二硝基苯混合,一并放入保温釜,压入高位槽,作为间二氯苯的生产原料。

3)事故装置压料介质变更情况。原设计保温釜物料压入高位槽的介质为氮气,2017年6月左右,因制氮机损坏,企业擅自改用压缩空气。

4)事故装置自动控制情况。间二氯苯生产过程涉及氯化工艺,且使用剧毒化学品液氯,C公司对氯化反应釜设置了DCS系统,对液氯气化装置设置了安全仪表系统。保温釜设有温度、压力现场显示仪表,温度、液位远传DCS系统。间二硝基苯的脱水、保温釜压料为人工操作。

(2)事故装置尾气处理情况。

1)氯化水洗尾气处理过程。间二氯苯装置氯化反应产物经冷凝、水洗后,其氯化水洗尾气(主要成分为硝酰氯、氯化氢等)依次进入三级稀硫酸降膜吸收器,稀硫酸中的水与硝酰氯反应得到硝化混酸,供三车间制备间二硝基苯使用。尾气中氯化氢和未反应完的硝酰氯,用饱和氯化钠溶液降膜吸收,再用水进行三级吸收制得30%的盐酸自用,水吸收后的尾气再经三级碱吸收后高空排放。

2)尾气处理系统改造情况。因脱水釜、保温釜和高位槽的尾气直排大气,2017年4月至5月,C公司对四车间脱水釜、保温釜、高位槽的直排尾气进行改造,用真空泵抽吸、经活性炭吸附后排放。尾气管道应采用碳钢管道,实际使用PP塑料管道。5月中旬经环保验收后,C公司擅自将改造后的尾气处理系统与原有的氯化水洗尾气处理系统在三级碱吸收前连通,中间仅设置了一个管道隔膜阀,在使用过程中,原本两个独立的尾气处理系统实际串连成一个系统。

3)高位槽尾气实际排放情况。由于物料易升华结晶,因此经常堵塞排放管道,C公司四车间将高位槽的尾气管道与尾气处理系统断开,改为单独排入大气。

(3)项目建设情况。

C公司四车间3 000 t/a间二氯苯技改项目于2012年6月取得了连云港市经信委核准的企业投资项目备案通知书,2014年12月获得连云港市经信委的延期审批,该项目的安全预评价报告由江苏安安全科技有限责任公司于2015年4月完成编制;安全设施设计专篇由江苏东建工程设计研究院有限公司于2015年6月完成编制,同时该单位承担了该项目的安全设施、工艺等初步设计,以及总平面布置图的工程设计;设备设施安装由江苏亚亚达工业设备安装工程有限公司承担;竣工图由山东阳阳石化工程有限公司绘制;安全设施竣工验收评价由南京辉辉安全评价咨询有限公司于2017年6月完成编制。

事故装置于2015年3月开始建设,2015年10月安装工程结束,2016年10月初进行了单机试车、联运试车;2016年10月18日,C公司组织专家对试生产方案进行了审查和论证;2016年10月18日至2017年4月17日进行试生产,2017年3月13日,C公司组织专家进行安全设施竣工验收,2017年6月12日,通过竣工验收。

（二）事故发生经过和应急处置情况

1.事故发生经过

2017年12月8日19时左右，C公司四车间尾气处理操作工吴铁钢发现尾气处理系统真空泵处冒黄烟，随即报告班长沈明。沈明检查确认后，将通往活性炭吸附器的风门开到最大，黄烟不再外冒。

19时39分左右，氯化操作工唐梅到1#保温釜用压缩空气（原应使用氮气）将釜内物料压送到1#高位槽。

19时44分左右，放料工徐城将1#脱水釜中的间二硝基苯和残液蒸馏回收的杂2、杂3一并放入1#保温釜内，20时4分放料结束。放料前保温釜温度127 ℃，放料后温度降为123 ℃，指标正常。

21时左右，真空泵处再次冒黄烟。沈明认为氯化水洗尾气压力高，关闭了脱水釜、保温釜尾气与氯化水洗尾气在三级碱吸收前连通管道上的阀门，黄烟基本消失。

21时35分左右，车间控制室内操朱萍对氯化操作工唐焕梅说，1#保温釜温度突然升高，要求检查温度、确认保温蒸汽是否关闭。唐梅到现场观察温度约为152 ℃，随即手动紧了一圈夹套蒸汽阀。

22时42分左右，沈明在车间控制室看到DCS系统显示1#保温釜温度“150 ℃??”（已超DCS量程上限150 ℃），认为是远传温度计损坏，未作相应处置。

23时30分左右，沈明班组与夜班赵海班组7人进行了交接班。

23时57分左右，精馏操作工杨艮发现1#高位槽顶部冒黄烟，报告班长赵海，赵海和七车间前来协助处理的班长张云等人赶到现场，赵海到1#高位槽操作平台进行处理，黄烟变小后，人员全部离开了现场。

12月9日0时14分左右，赵海认为1#保温釜DCS温度显示是异常，又来到1#保温釜，打开保温釜紧急放空阀，没有烟雾排出又关闭放空阀。

0时20分左右，赵海到三楼用钢锯将1#高槽位的尾气放空管锯开一道缝隙，有烟雾持续冒出。

1时1分左右，赵海又到1#保温釜，打开1#保温釜紧急放空阀，有大量烟雾冒出，接着关闭并离开。

1时39分左右，赵海再次来到1#保温釜，用F扳手紧固保温釜夹套蒸汽阀门。

2 时 5 分左右，氯化操作工付军升接到内操刘平指令，到 1＃保温釜进行压料操作，氯化操作工田军协助，精馏操作工杨艮也在现场。

2 时 5 分 31 秒，田军关闭了 1＃保温釜放空阀，付军升打开压缩空气进气阀向 1＃高位槽压料，田军观察压料情况。

2 时 8 分 41 秒，付军升关闭压缩空气进气阀，看到 1＃保温釜压力快速上升；9 分 2 秒，田军快速打开 1＃保温釜放空阀进行卸压；9 分 30 秒，1＃保温釜尾气放空管道内出现红光，紧接着保温釜釜盖处冒出淡黑色烟雾，付军、田军、杨艮 3 人迅速跑离现场。

2 时 9 分 49 秒，保温釜内喷出的物料发生第一次爆炸；9 分 59 秒，现场发生了第二次爆炸。爆炸造成四车间及相邻六车间厂房坍塌。

2. 应急处置情况

事故发生后，C 公司现场人员立即报告主要负责人，迅速开展自救互救，紧急关闭氯气阀门，组织人员撤离，主要负责人拨打 119、120 报警。

接到事故报告后，省委省政府主要领导高度重视，第一时间做出批示，要求全力以赴抢救被困人员，防止次生灾害，迅速查明原因，举一反三抓好化工行业整改，全面排查隐患，抓好整改落实，防范事故发生，对发生事故和整改不力的严肃问责，立即落实好重大生产安全事故应急预案的各项责任和措施，确保岁末年初生产安全。连云港市消防支队接报后，迅速调集 8 个专职消防队共 161 名官兵、30 辆消防车赶赴现场处置，对爆炸、着火区域进行降温灭火，明火于 12 月 9 日 4 时 50 分被扑灭。

(三)事故人员伤亡和直接经济损失情况

1. 事故造成的人员伤亡和直接经济损失

事故共造成 10 人死亡，1 人轻伤。死亡人员均为 C 公司职工，其中四车间 3 人，六车间 7 人。事故造成直接经济损失 4 875 万元。

2. 事故破坏情况

本次事故爆炸中心位置是四车间内东侧间二氯苯生产装置的 1＃保温釜和 1＃高位槽。爆炸造成 1＃保温釜、1＃高位槽、1＃脱水釜和 5 台氯化反应釜炸毁，四车间内西侧 2＃脱水釜、2＃高位槽等设备内的物料及三层楼面留存的固体间二硝基苯全部炸毁，四车间厂房呈东侧损毁西侧垮塌现象。1 台氯化反应釜的封头向西飞出约 80 m，紧邻爆炸中心的三楼设备设施向北侧飞出距离约25 m,全部设备设施过火。

四车间南侧的3台蒸馏设备整体向南右侧方向被推出约30 m,相邻六车间南侧全部倒塌,北侧局部倒塌,混凝土建筑的连接框架处向北发生折式变形,东侧设备过火。爆炸中心南侧的污水处理盐析装置设备设施全部损毁,高约20 m的废酸浓缩钢框架向南侧倾斜,管道全部损坏。

3.爆炸TNT当量

经计算,本次事故释放的爆炸总能量为14.15 t TNT当量,最大一次爆炸破坏当量为12.68 t TNT。

(四)事故原因和性质

1.直接原因

尾气处理系统的氮氧化物(夹带硫酸)串入1#保温釜,与加入回收残液中的间硝基氯苯、间二氯苯、124-三氯苯、135-三氯苯和硫酸根离子等形成混酸,在绝热高温下,与釜内物料发生化学反应,持续放热升温,并释放氮氧化物气体(冒黄烟);使用压缩空气压料时,高温物料与空气接触,反应加剧(超量程),紧急卸压放空时,遇静电火花燃烧,釜内压力骤升,物料大量喷出,与釜外空气形成爆炸性混合物,遇燃烧火源发生爆炸。

2.间接原因

(1)C公司未落实安全生产主体责任,是事故发生的主要原因。

1)安全管理混乱。安全生产职责不清,规章制度不健全,责任制不落实,未配齐专职安全管理人员,未开展安全风险评估,未认真组织开展安全隐患排查治理,风险管控措施缺失,应急处置能力严重不足。

2)装置无正规科学设计。该企业间二氯苯生产工艺没有正规技术来源,也没有委托专业机构进行工艺计算和施工图设计,总平面布置、设备选型和安装、管线走向等全凭企业人员经验决定。

3)违法组织生产。间二氯苯、硝化酸混合物、1,2,4-三氯苯、间硝基氯苯产品在未取得"危险化学品安全生产许可证"的前提下,违法组织生产。

4)变更管理严重缺失。未执行变更管理要求,擅自取消保温釜爆破片,使设备安全性能降低;擅自更改压料介质,擅自改造环保尾气系统,造成事故隐患。

5)教育培训不到位。日常安全教育培训流于形式,培训时间不足,内容缺乏针对性，培训记录台账造假，操作人员普遍缺乏化工安全生产基本常识和基本操作技能，不清楚本岗位生产过程中存在的安全风险，不能严格执行工艺指标，不能有效处置生产异常情况，不能满足化工生产基本需要。

6)操作人员资质不符合规定要求。事故车间绝大部分操作工均为初中及以下文化水平，不符合国家对涉及“两重点一重大”装置的操作人员必须具有高中以上文化程度的强制要求，特种作业人员未持证上岗，不能满足企业安全生产的要求。

7)自动控制水平低。间二氯苯生产装置保温釜压料、反应釜进料、精制单元均没有实现自动控制，仍采用人工操作。

8)厂房设计与建设违法违规。四车间厂房在未取得建设用地规划和施工许可证的情况下，违规设计和施工；未委托监理单位对建设工程质量进行监理控制；施工结束后，未经建设工程竣工验收就投入使用。

(2)设计、监理、评价、设备安装等技术服务单位未依法履行职责，违法违规进行设计、安全评价、设备安装、竣工验收，是事故发生的重要原因。

1)江苏安安全科技有限责任公司。未严格执行国家法律法规和标准规范要求，没有对间二氯苯技改项目技术来源进行充分论证，危险有害因素辨识不到位、对策措施不明确，危险化学品重大危险源辨识有漏项，未如实辨识事故隐患，涉嫌出具虚假评价报告，构成违法行为，且事故发生造成重大人员伤亡和财产损失。

2)江苏东建工程设计研究院有限公司。在未取得规划许可情况下，明知四车间已建成，违规出具正式施工图。出具的安全设施设计专篇，未严格执行国家法律法规和标准规范要求，没有对建设项目选用的工艺技术安全可靠性进行充分说明，没有对间二硝基苯脱水、保温釜储存及压料、残液回收使用等工艺过程中的危险有害因素进行充分辨识，造成事故隐患。

3)江苏王诚工程设计有限公司。无相关设计和安全评价资质，非法提供项目设计及安全评价咨询服务。在无施工图的情况下，违规绘制竣工图。在建设单位擅自改变安全设施的情况下，随意出具变更通知单且日期作假。

4)江苏亚亚达工业设备安装工程有限公司。在无正规施工图和施工方案的情况下，出借资质给不具备工程承包、建筑机电安装队伍；在安装特种设备时，违规组织非专业人员安装特种设备，未进行的监督检验。

5)南南县建筑设计有限公司。未依法履行建筑工程监理职责，没有对建设工程实施全过程监理，违规出具建设项目监理证明。

6)南京辉辉安全评价咨询有限公司。未严格执行国家法律法规和标准规范要求，没有对特种设备和安全设施重大变更的合理性和合法性进行认真辨识和论证，安全设施竣工验收评价结论严重失实。

7)山东阳阳石化工程有限公司。不按照建筑工程质量、安全标准进行设计。在未派员勘察现场的情况下，违规给无资质设计单位绘制的竣工图盖单位公章；竣工图的相关人员签名和出图日期与实际不符，造成事故隐患，导致事故发生。

8)南通建建集团有限公司。下属的分公司，在相关手续不全、没有签订合同的情况下，违规承接项目，在无工程设计图纸的情况下组织施工。

9)连云港市正正建设有限公司。涉嫌出借资质，未参与项目竣工验收，违规在竣工验收报告上加盖单位公章。

3.事故性质

经调查认定，C公司“12・9”重大爆炸事故是一起生产安全责任事故。

(五)事故防范措施建议

针对这起事故暴露出的突出问题，为深刻吸取事故教训，进一步加强危险化学品安全生产工作，有效防范类似事故重复发生，提出如下措施建议。

1.进一步强化安全生产红线意识

连云港市委市政府、灌南县委县政府、化工园区党工委及其负有安全生产监管职责的部门要深刻吸取事故教训，认真贯彻落实安全生产法律法规和习近平同志、李克强同志等中央领导同志关于安全生产工作的一系列重要批示、指示精神，牢固树立科学发展、安全发展理念，始终坚守“发展决不能以牺牲人的生命为代价”这条红线，建立健全“党政同责、一岗双责、齐抓共管、失职追责”的安全生产责任体系，进一步落实属地管理责任和企业主体责任。要加快化工行业结构调整，把安全生产与转方式、调结构、促发展紧密结合起来，着力去库存、控增量、优总量，通过提高化工行业本质安全水平来提高企业安全管理水平。连云港市、灌南县要调优配强危险化学品监管力量，保证监管人员数量和专业能力满足危化品安全监管工作要求；连云港化工园安监机构要进一步完善安全监管体制、机制，依法履行安全监管职责，增加监管力量，保证75%以上监管人员具备专业能力，增强落实工作的履职能力、责任心、事业心。要深化危险化学品安全综合治理，坚决关停工艺技术来源不明、建设项目手续不齐全、安全管理水平低下等不具备安全生产条件的企业，有效防范危险化学品事故发生。

2.严格落实部门监管职责和行政许可审批手续

各地区特别是连云港市各有关部门要按照“管行业必须管安全”的要求，认真履行职责，把好准入关和监督关，坚决杜绝“先上车后买票”的现象。有行政许可审批职能的部门要联审会办、论证和审批化工建设项目，提升入园安全条件，提高化工园区本质安全水平。依法查处无备案、许可、环评、安评、用地等法定手续或手续不全的非法企业，坚决打击非法违法生产行为。

3.进一步加大中介服务机构监管力度

各地区特别是连云港、灌南县各有关部门要加强对中介服务机构的监管，确保在危险化学品建设项目实施过程中，建设项目设计、勘察、施工、监理、设备安装检测和安全评价等工作合法合规，服务质量满足相关标准规范要求。要建立安全评价、工程设计、施工监理等第三方服务机构信用评定和公示制度，对弄虚作假和违法违规行为坚决予以查处，依法吊销资质、降低资质等级、追究相关责任并在媒体公开曝光。各地区要研究制定专家服务企业管理办法，细化专家服务内容、服务要求和应承担的责任，建立安全生产专家库更新机制，对专家的业务水平、从业道德和履职能力进行全方位考核，定期淘汰水平低、职业素养差的专家，对有弄虚作假行为的专家，要向社会公示，纳入“黑名单”管理。

4.全面管控危险化学品安全风险

全省危险化学品企业要坚持风险预控、关口前移，强化风险管控，全面加快风险分级管控和隐患排查治理体系建设，切实落实安全生产主体责任。要按照江苏省化工（危险化学品）企业安全风险评估和分级办法，组织广大职工全面排查、辨识、评估安全风险，落实风险管控责任，采取有效有力措施控制重大安全风险，对风险点实施标准化管控。要进一步健全完善隐患排查治理体系，按照管控措施清单，全面排查、及时治理、消除事故隐患，实施闭环管理。要按照安全生产标准化和化工过程安全管理的要求，严格加强变更管理，规范变更申请、变更风险评估、变更审批、变更验收的程序，严格管控变更风险。

5.切实加强环保尾气系统改建项目的安全风险评估

环保部门要研究出台新建、改建环保尾气系统安全风险评估管理办法，督促企业科学设计与建设、改造环保尾气系统，加强尾气系统的变更管理。企业要聘请工艺、自动控制等专家对所有涉及环保尾气系统新建、改造工程，从原生产装置、控制手段、操作方式、人员资质等方面开展安全风险辨识，实施有效管控，严防环保隐患转化成安全生产隐患，导致生产安全事故发生。

案例三　大名县某生物科技有限公司“4.1”中毒窒息事故

2016年4月1日13时30分左右，大名县某生物科技有限公司（简称“D公司”）发生一起硫化氢中毒事故，造成3人死亡、3人受伤，直接经济损失约245万元。

（一）事故发生单位概况

1.事故单位基本情况

D公司，经营范围：2、3二氯吡啶、烯啶虫胺的生产、销售；医药、农药中间体生产技术的研发、推广服务；化工产品（不含化学危险品和违禁品）的销售（依法须经批准的项目，经相关部门批准后方可开展经营活动）；D公司于2015年6月2日取得大名县发改局颁发的“固定资产投资备案证”，备案项目为“年产600 t 2,3-二氯吡啶”。2,3-二氯吡啶未列入《危险化学品目录》（2015年版）。

2.生产情况

D公司2016年2月27日开始杀扑磷的投料试车，断断续续进行生产。至事故发生时，公司共生产3.7 t噻二唑酮（中间产品，可直接销售，已销售了3.5 t）和3.5 t杀扑磷。

3月31日晚，D公司召开会议，公司负责人孔申、李涛、万刚、于基、陈勋参加，会议决定4月1日开始正式生产，明确于基为总经理，协助孔申负责企业全面工作，生产厂长为陈勋，负责企业生产技术安全环保等，车间两班制生产，每班定员10人，每班设班长一人，班长为王林和成一。D公司招录当地生产一线工人20人，大都为中小学学历，无化工工作背景和经验。

3.生产设备情况

D公司主要设备有计量罐、反应釜、抽滤罐、氟利昂制冷机、原料储罐、废水槽、废水池、锅炉、水喷射真空泵机组、尾气吸收塔等。废水池顶部设有封闭塑料板屋顶，屋顶设有气相管线并与车间废气管线联通。废水池和车间产生的废气经尾气吸收塔吸收后排入大气。

整个生产车间无可燃气体报警仪、硫化氢报警仪等监测仪器;除简易防毒面罩外,没有消防系统、正压式呼吸器、风向标、便携式灭火器等基本应急救援装备及物资。

(二)事故发生经过及救援情况

2016年4月1日上午9时左右,D公司召开全公司所有人员参加的会议,安排布置下午正式投料。会后10时40分左右,两名班长成一和王林受生产厂长陈勋指派去车间更换真空泵水箱中发红的废水。成一和王林首先将3个真空泵水箱废碱水抽至车间北侧东部的废水槽,至中午没有完成,其间未向废水池排废水;12时左右吃中午饭。其间未开尾气吸收塔;12时30分左右,当班班长成一及当班人员回到车间,开始进行甲醇氢氧化钠溶液的制备;12时47分成一协助操作工高净、高红加片碱,13时15分指导二人滴加甲醇,然后成一去车间外北侧给真空泵加水,将抽至车间废水槽的真空泵废水(约4 m^3)用泵排至废水池。

13时20分左右,陈勋来到车间,见部分工人在休息,便安排现场人员打扫车间一层卫生。13时30分左右,操作工侯发在打扫南大门内西侧卫生的过程中突然晕倒,附近的陈勋和操作工侯臣看到后上前查看情况时也晕倒,在车间东部打扫卫生的员工魏山发现这一情况后,也来到事故发生区域并闻到刺激性的臭味,便急忙跑出车间呼救喊人。车间二层的3名女工李芳、高红、高净和在三层进行维修作业的员工刘峰发现情况后,在未戴防毒面具情况下将陈勋、侯发从厂房抬至南门外空旷地带。听到呼救赶到现场的成一憋气将侯臣拖出。随后李芳、高红、高净相继出现中毒症状。

在厂区西南侧办公区的总经理于基、班长王林等知道情况后赶到现场,急忙拨打120电话求助,10 min左右120医务人员赶到,发现侯臣、侯发、陈勋已无生命体征,随后对受伤人员李芳、高红、高净进行了现场紧急抢救后,将3人送至大名县中医院救治。

(三)事故原因和性质

1.直接原因

含有硫化钠碱性废水打入存有酸性废水的废水池中,反应释放出高浓度硫化氢气体经管道回窜至车间抽滤槽,致使在附近作业的1名人员中毒;施救人员在未采取任何防护措施的情况下盲目施救,导致事故扩大。

2. 间接原因

(1)D公司备案建设项目为2,3-二氯吡啶生产,没有经有资质单位设计,后又擅自更改项目建设内容,未向国土、建设、安监等部门提出申请,违法占地、违法建设,在未取得生产许可的情况下非法生产农药杀扑磷(属于危化品)。

(2)工艺设计不合理,存有严重缺陷,废水池废气吸收与车间废气共用吸收塔,埋下事故隐患。含硫化氢废碱水与水洗废酸水经同一废水罐、排水泵、管道,排入同一废水池,一旦废水池呈酸性环境或两种废水相混,必然产生硫化氢。

(3)D公司未制定安全生产责任制度、安全生产管理制度和岗位操作规程,未设置专职安全员,未对员工进行安全教育、培训。

(4)D公司未按规定设置硫化氢有毒气体报警系统,未配备应急救援器材等安全设施,未制定应急救援预案。施救人员在未采取任何防护措施的情况下盲目施救,造成事故伤亡扩大。

3. 事故性质

经调查认定,本次事故是一起非法违法建设、生产造成的较大生产安全责任事故。

(四)事故防范和整改措施建议

1. 大名县委、县政府要加强"党政同责、一岗双责"责任落实

要认真贯彻落实省、市信访稳定安全生产攻坚行动会议精神,吸取事故教训,进一步强化红线意识,正确处理发展与安全的关系,强化安全生产工作的组织领导,全面排查管控风险,切实维护人民群众生命财产安全;要认真贯彻落实省政府办公厅《关于建立安全生产打非治违长效工作机制的意见》,进一步明确各级各部门"打非治违"工作职责,形成一级抓一级,一级对一级负责的"打非治违"责任体系,严厉查处和打击各类非法违法生产经营建设行为,始终保持严打重罚的高压态势。

2. 加强开发区、乡镇安全生产工作

大名县经济开发区及铺上乡等乡镇要进一步强化安全生产责任意识,认

真钻研安全生产法律、法规和相关规定，严格落实对企业安全生产监管责任，以及本辖区内“打非治违”工作的主体责任，彻底摸清各类生产经营企业底数，做到底数清楚、台账规范、监管到位；加大辖区内非法生产、非法经营、非法建设的排查、报告和打击力度，做到横向到边、纵向到底，不留死角、不留盲点，把隐患消除在萌芽状态。

3.加强部门(行业)安全监管

大名县安监部门要进一步加强安全生产综合监管，严厉打击危化领域非法生产行为；发展改革部门要加强与安全监管部门沟通对接，在建设项目备案后及时将相关情况通报安全监管部门；大名县国土、住建部门要加强对建设项目违法占地、违法建设的监管，及时发现并有效制止各类违法占地、建设行为；其他各有关部门也要依法依规，各司其职，主动作为，强化执行力，认真履行安全生产工作职责；要密切配合，联合执法，强化信息共享，形成强大的工作合力，出重拳、下死手，全面落实“十个一批”惩戒措施，从严查处各类违法违规行为，严防事故再次发生。

4.强化和落实企业安全生产主体责任

各生产经营单位特别是新建企业，要牢固树立遵法守法意识，认真落实安全生产“五落实五到位”等主体责任，扎实推进安全生产标准化建设，严格履行项目建设审批审查手续，未经有关部门批准，不得擅自开工建设；必须具备规定的安全生产条件，不具备安全生产条件的，不得从事生产经营活动。

案例四　江苏某化工技术有限公司“4.3”火灾事故

2019年4月3日20时40分左右，江苏某化工技术有限公司(简称“E技术”)污水处理车间发生一起火灾事故。事故未造成人员伤亡，过火面积约8 m^2，直接经济损失4.6万元。

(一)基本情况

E技术建有东、西两个厂区，两个厂区的生产线和污水处理装置独立运行。

事故发生在位于E技术西厂区北侧的污水处理车间，该车间用于处理西厂区生产环节产生的“三废”，建有废水罐组、多效蒸发和污水处理等装置。其中，废水罐组的1号、2号罐专门用于接受四醚加氢车间产生的废水（主要含有水、甲苯、焦油、对氨基苯乙醚、少量雷尼镍及对硝基苯乙醚）。

四醚加氢车间与废水罐组用管道相连输送废水，由阀门控制将黏稠的废水送入2号废水罐（搪瓷材质，从顶部注入），不黏稠的废水送入1号废水罐（塑料材质、波纹罐，从顶部注入）。经1号废水罐收集后再通过泵送到多效蒸发装置蒸馏，蒸馏出的废水进入生化池处理。进入2号废水罐的废水，经搅拌、加热后，通过氮气压送到1号废水罐处理。

（二）事故经过及应急处置情况

1. 事故发生经过

2019年4月3日20时40分左右，E技术污水处理车间1号废水罐（直径3 m，高4 m）顶部起火，烧毁了1号废水罐与2号废水罐（直径2 m，高3 m）之间连接管上的塑料阀门。起火约3 min后，2号钢质废水罐发生燃爆，顶部的人孔盖（直径60 cm）向北飞出约65 m，落入北侧一路之隔的爱森絮凝剂有限公司围墙内，同时造成该企业东侧、北侧厂房门窗损坏，玻璃破碎。

2. 应急处置情况

事故发生后，企业立即组织内部应急消防力量展开救援。泰兴消防救援大队20时46分左右接警，当时泰兴市开发区专职消防队正在夜巡，20时53分到达现场，21时05分泰兴市消防大队到场。至21时30分，明火扑灭。泰兴市政府同时启动应急救援预案，应急管理、环保、公安等部门立即赶赴现场组织现场处置。

经环保监测，22时企业下风向1 000 m监测VOCs浓度为0.142 mg/m^3，符合国家相关空气质量标准浓度限值。厂内雨水口及时封堵，消防水全部进入应急池，未排入外环境。

3. 人员伤亡及直接经济损失情况

（1）本次事故未造成人员伤亡。

（2）事故过火面积约8 m^2。

（3）经企业统计直接经济损失4.6万元。

(三)事故原因和性质

1. 直接原因

废水输送和多效蒸发是间隙操作,少量黏附于废水罐罐壁高处的雷尼镍颗粒脱水后自燃起火,点燃甲苯、焦油和塑料罐壁,引起火灾。大火引燃连接1号废水罐、2号废水罐顶部输送废水的管道,明火沿管道窜入2号废水罐,引起罐内甲苯等与空气的爆炸性混合气体燃爆。

2. 间接原因

(1)事故装置存在工艺缺陷。1号废水罐废水从顶部进入(插入罐内约20 cm、未插入中下部),易形成喷溅,且罐壁为波纹壁,长期使用易造成含雷尼镍颗粒的焦油等物质黏附在罐壁上;2号废水罐废气送固液焚烧炉二燃室之间的管道未设置阻火器,易造成回火。

(2)环保设施的安全管理存在缺失。对废水中含有少量雷尼镍颗粒可能暴露在空气中而自燃、废水中低浓度甲苯在密闭容器中挥发达爆炸极限的安全风险,企业未进行辨识分析,也未采取有效的安全防范措施,而是随多效蒸发进入废盐和蒸馏残渣(危险固废)。

3. 事故性质

经调查认定,E技术"4.3"火灾事故是一起生产安全责任事故。

(四)事故防范和整改措施建议

(1)E技术应深刻吸取教训,扎扎实实开展安全生产大排查大整治,着力消除各类安全隐患,突出抓好化工企业环保装置安全生产风险隐患的排查整治,防止类似事故再次发生;全面对厂内所有在役生产、环保、后处理等设备设施开展风险评估,严格落实各项安全防范措施,及时消除事故隐患,确保作业安全。

(2)泰兴市要在全市范围内组织事故警示教育,督促全市。化工企业认真吸取此次事故教训,全面排查企业环保装置存在的风险隐患,落实环保装置的审批验收工作。

(3)泰兴市经济开发区管委会要督促园区内企业认真吸取事故教训,切实履行安全生产属地监管责任,加大辖区内危险化学品企业的安全监管,加大隐患排查督促力度,摸清区内相关企业的环保装置情况,尤其废水废液的储存部位，防止类似事故再次发生。

案例五　安康市某生物化工有限公司"10·11"较大中毒窒息事故

2019年10月11日13时11分许，安康市某生物化工有限公司（简称"F公司"）发生较大中毒窒息事故，造成6人死亡，经济损失715万元。

（一）事故单位相关情况

1. 企业基本情况

F公司是一家以黄姜皂素生产深加工为主的民营企业。由黄姜皂素生产加工厂、污水处理站2部分组成，建有3条水解物生产线、2条皂素生产线，具备年生产水解物、成品皂素各450余吨的生产能力。2011年，该企业征地约40亩，对原有生产工艺进行改造。2012年7月又新征土地约10亩，用于改扩建污水处理站。污水处理站位于黄姜皂素生产深加工厂东侧（间隔距离约150 m），黄姜废水处理能力为每日4 500 t。污水处理站建设工程内容和处理工序有：污水处理旋流式沉淀池两座、二次沉淀池、洗姜废水调节池、精调池、工艺废水调节池、碱性氧化池、低负荷生物接触氧化池、高负荷生物接触氧化池、复合式厌氧池及附属污泥干化场、天然氧化塘及其他附属设施。

2. 事发絮凝混合池勘察情况

F公司污水处理站有两条污水处理线：一条为洗姜污水线，采取三级沉淀处理方法；一条为酸解污水处理线，采取化学法＋生物法＋沉淀法的混合处理法。酸解污水处理线的pH调节池、絮凝混合池和沉淀池合建为一大池。大池规格为12 m×8 m×6 m，大池内设置隔堤将其分隔成工艺上串联的三个小池；大池上沿高出外侧地面0.2 m；大池上有一拱形玻璃钢材质的棚盖，棚盖上有抽吸池内污臭气体的管道并连接至气体处理设施；大池棚盖北侧有一个1.45 m×0.67 m的塑钢门框，门框上挂有一个1.6 m×0.7 m的石棉布质门帘；门框下侧的大池上沿有一宽0.8 m的缺口，缺口处有与地面及大池上沿平行的管道。在该大池北侧石棉布质门帘旁，分别悬挂有"当心有害气体中毒"和"注意通风"的警示标识牌各两个。该事故始发于大池北侧石棉布质门帘处，进而扩展至絮凝混合池内。

3.关于污水池玻璃钢密封罩棚设置情况

2016年下半年，安康市环境保护局汉滨分局多次接到群众举报，反映F公司污水处理站臭气熏人，影响周围群众生活。安康市环境保护局汉滨分局现场核查后指出，公司臭气处理设施需要进一步改进和完善，达到除臭排放效果。该公司按照环评验收报告要求，委托杭州市顶荣环保有限公司设计，湖北宜昌玉龙有限公司施工，投资27万元，对污水站十余处露天池子进行封闭，对池中产生的臭气进行收集过滤处理。该公司未将新增设污水池玻璃钢密封罩棚情况报相关监管部门审批、未进行隐患风险辨识、也未采取相应安全防护措施。2019年5月，安康市恒口生态环境局派驻工作人员郑某驻F公司污水处理站，负责污水在线监控，通过第三方检测机构(陕西华康检验检测有限责任公司)检测，监督企业有无偷排、超排及不达标排放等情况。

(二)事故发生经过

2019年10月11日13时02分左右，F公司负责留守污水处理站看门女工唐某和工友汪某吃完午饭后，两人先后在院内走动。13时11分许，唐某走到絮凝混合池，擅自打开污水絮凝混合池帘子向里张望(门框帘子未加安全防护设施)，不慎坠入池中。紧随其后的工友汪某向跌落池中的唐某喊了两声无回应，汪某立即向隔壁生产厂区方向进行呼救，并给厂长郭某打电话报告了情况。隔壁生产厂区留守看厂人员吕某、张某、李某、张某、吕某等人听到呼救后赶往污水处理站，汪某打开污水处理站大门，吕某、张某、李某等5人先后进入污水处理站絮凝混合池对唐某进行施救。5人在不清楚絮凝混合池内气体环境且未佩戴防护用品的情况下发生中毒窒息。后经公安、消防、医疗等部门救援，当日16时57分，遇险6人先后被救出絮凝混合池，经抢救无效死亡。

(三)事故造成的人员伤亡和直接经济损失

此次事故共造成6人死亡，直接经济损失715万元。

(四)事故发生的原因和事故性质

1.直接原因

一是F公司因原材料短缺停产，污水站的净化装置设备关闭停运，新增设污水池玻璃钢密封罩棚造成污水池内硫化氢等有毒有害气体集聚。

二是F公司女工唐某未严格按照有限空间作业要求，擅自进入有限空间，违章操作，导致事故发生。

三是F公司员工李某、吕某、张某等5人在不清楚絮凝混合池内气体环境且未佩戴防护用品的情况下盲目进入絮凝混合池中施救，引发事故死亡人数增加。

2. 间接原因

(1)F公司主体责任落实不到位，是导致事故发生的主要原因。一是安全生产管理制度不完善。未有效开展有限空间辨识和建立管理台账，未制定有限空间作业方案，未进行危险有害因素检测，未严格执行作业审批制度、现场未设置有毒有害气体报警器；二是未有效组织从业人员进行教育培训、未组织开展有限空间作业现场负责人、监护人员、应急救援和作业人员进行专项安全培训、未正确使用佩戴劳动防护用品和救援器材；三是该公司劳动防护用品配备和管理存在漏洞，未根据有限空间存在危险有害因素的种类和危害程度，配备足够劳动防护用品、未建立翔实管理台账；四是隐患排查、安全、巡查检查、应急演练和教育培训等工作落实不到位。

(2)相关监管部门安全监管不力，是导致事故发生的重要原因。

3. 事故性质

经调查认定，F公司“10·11”较大中毒窒息事故是一起生产安全责任事故。

(五)事故防范和整改措施

“10·11”事故，暴露出F公司存在隐患排查治理不彻底、教育培训、应急管理、日常监管不到位；恒口示范区落实《安全生产法》《地方党政领导干部安全生产责任制规定》和“党政同责、一岗双责、齐抓共管、失职追责”要求不力，对辖区企业监管存在盲区，安全生产工作支持保障力度不强等问题。恒口示范区和辖区企业应深刻吸取事故教训，建立健全严格的安全生产责任制，强化员工的安全意识、责任意识，实现“要我安全”向“我要安全”、从“事后处理”向“事前预防”的转变。认真组织专项安全检查，扎实落实省市安全管理要求，举一反三，警钟长鸣，进一步细化工作措施，夯实监管责任，消除各类隐患。为切实落实企业安全生产主体责任和相关单位的监管职责，有效防范类似事故再次发生，进一步抓好安全生产工作，提出以下措施建议。

1.恒口管委会要认真落实安全生产责任

一是按照属地管理、分级负责和“三管三必须”的要求，尽快明确下发有关行业部门安全生产职责，全面厘清安全生产监管责任，确实做到“一个行业一个牵头监管部门、一户企业一个具体监管单位”，避免出现监管有漏洞、有盲区、有死角情况。二是进一步加强企业层面特别是化工企业建设项目“三同时”和新材料、新科技、新工艺与注册经营范围审查，凡不符合产业发展和安全生产标准的，一律立即清理退出；凡安全生产存在问题的，一律限期对标整改；整改不到位的，一律停产停业整顿；凡拒不整改的，一律依法关闭取缔。三是按照分级分层分类的原则，进一步加强企业主要负责人、安全生产监管人员、特种作业人员、企业从业人员安全生产教育培训，定期组织开展应急演练，提高安全监管人员监管执法水平，提升企业全体员工安全风险防范意识和防范能力，从源头上消除安全风险、防范安全事故发生。四要全面加大执法力度，从严执法，树立执法权威，严厉打击各类违法行为。

2.进一步落实企业安全生产主体责任

F公司要进一步增强企业安全发展的责任意识，及时宣传中、省、市关于安全生产相关法律法规，提高员工事故隐患防范能力。加强企业安全生产管理，完善安全操作规程和隐患排查治理等制度，通过动态监控、安全检查等措施，确保各项安全生产制度、操作规程及措施落实到位、加强对重点部位、关键环节的安全检查，全面掌握厂区内安全生产情况，及时检查发现消除事故隐患，制止和纠正厂区现场从业人员违章作业、违章指挥、违反操作规程行为，从源头和根本上减少预防各类事故的发生。同时，应聘请有资质的安全中介服务机构，对企业安全生产工作现状进行全面评估，并由恒口示范区对整改落实情况进行验收，未经验收不得复工复产。

3.进一步加强从业人员的安全教育培训

F公司要加强对全员职工的安全培训，进行法规制度、隐患排查、有限空间、警示教育、应急救援等知识学习培训，增强风险意识，不断提升从业人员的自防自救能力和安全责任意识。通过集中学习、专题讲座、悬挂横幅标语、设立宣传展板和专栏、张贴宣传挂图、发放宣传资料、曝光典型事故案例等方式，进一步加强对从业人员的技能培训，严格化工行业从业人员技能资格准入门槛，提高从业人员知法守法的自觉性。严格落实企业主要负责人、安全管理人员、特种作业人员持证上岗要求，提高从业人员的整体素质和水平。

4. 切实加强对企业停工停产、复工复产的安全生产监管工作

恒口示范区管委会要切实掌握辖区企业安全生产动态，组织相关部门采取有效措施，不断加大企业停产停工、复产复工的安全生产监管力度，严格按照“四不两直”要求开展专项督查检查，对重点部位、有限空间、安全设施、临时用电、人员值守等进行专门检查，切实消除各类事故隐患。发现违法违规行为或隐患未按要求立即整改的企业，要坚决依法严肃查处。

5. 进一步完善厂区内安全生产设施

F公司要采取有效措施加强对污水处理站内污水池按照有限空间作业规范管理、加高加固防护栏杆、给现场巡查人员配备便携式硫化氢气体检测报警仪。对污水处理站设备设施进行安全风险分级辨识和隐患排查治理，完善安全生产双重预防机制建设，消除事故隐患。

6. 强化危险废物监管

行业主管部门要依法对废弃危险化学品等危险废物的收集、储存、处置等进行监督管理。积极与其他行业主管部门建立监管协作和联合执法工作机制，密切协作配合，实现信息及时、充分、有效共享，形成工作合力，共同做好危险废弃物的安全监管各项工作。

7. 严格落实有限空间管理要求

必须严格落实作业审批制度，严禁擅自进入有限空间作业、严格执行“先通风、再检测、后作业”要求，配备个人防中毒窒息等防护装备，设置安全警示标识，严禁无防护监护措施作业、对有限空间负责人、监护人、应急人、作业人进行培训教育，制定应急措施，严禁盲目施救。

8. 加强应急管理，提升应急处置能力

要根据本单位的事故风险特点，进一步修订完善应急预案，建立应急预案备案登记建档制度，加强预案培训和专项、现场处置方案演练，有效防范盲目施救，避免次生灾害的发生，不断增强事故防范和应对能力。

9. 严格落实省安委办挂牌督办要求

对事故责任追究、有关人员处理、经济处罚、整改落实等依照职责分工，一

年内对整改结果进行评估复查。

案例六　山东某化学股份有限公司“12·19”较大火灾事故

2017年12月19日9时14分许，山东某化学股份有限公司(简称“G公司”)干燥一车间低温等离子环保除味设备发生一起火灾事故，造成7人死亡、4人受伤，直接经济损失约1 479万元。

(一)事故基本情况

1.事故企业基本情况

G公司成立于2003年12月26日，主要生产装置包括15 000 t/a AMB塑料改性剂生产装置、10 000 t/a ACM塑料改性剂生产装置、25 000 t/a ACR塑料改性剂生产装置。所有产品均不属于危险化学品，使用的原料包括丁二烯、苯乙烯、丙烯酸甲酯、丙烯酸酯丁酯等危险化学品。该公司是使用危险化学品的化工企业，2015年9月25日取得市安监局颁发的“危险化学品安全使用许可证”，许可范围：1,3-丁二烯7 050 t/a，有效期至2018年9月24日。该公司实行事业部授权管理模式，ACR事业部全权负责生产、销售、设备、安全等工作。

2.事故相关单位基本情况

(1)潍坊山河何何能源有限公司，成立于2016年4月22日，取得潍坊高新开发区安监局颁发的“危险化学品经营许可证”，许可范围：天然气(限于工业生产原料等非燃料用途)等。2017年9月11日，潍坊山河何能源有限公司与G公司签订“供气合同”，向G公司供应用作燃料用途的液化天然气。

(2)青岛东宇与环保科技有限公司，成立于2014年2月14日，2017年6月8日，青岛东宇环保科技有限公司与G公司签订“天然气燃烧炉采购合同”，负责干燥一车间、干燥二车间五套直燃式天然气热风炉(简称燃气热风炉)的供应及安装。

3.有关生产设备、工艺情况

AMB生产装置分为反应一车间和干燥一车间，反应一车间共有反应釜

22台(套),反应过程使用苯乙烯、丙烯酸甲酯、丙烯酸丁酯作为原料常压条件下生产ACR(原设计该车间使用苯乙烯和丁二烯作为原料生产AMB,2016年后改变了工艺,未对工艺进行安全可靠性论证)。该生产装置热风炉按照原设计一直使用煤作为加热原料。

干燥一车间主要有喷雾干燥塔两台(套),干燥过程中产品水乳液经喷雾装置在干燥塔内与热风炉出来的热风顺向直接接触,热风经旋风分离器、布袋除尘器进入低温等离子环保除味设备后直接排空。为满足环保排放要求,2017年7月开始,G公司在进入干燥塔的热风管道上增加了一套燃气热风炉,将燃烧后的天然气尾气及空气混合物作为干燥介质。车间内共安装两套燃气热风炉,设备制造厂家均为青岛东宇与环保科技有限公司,2017年9月完成设备安装调试,但未通过企业组织的验收。

低温等离子环保除味设备属于生产装置的环保配套设施,低温等离子环保除味设备主要承担车间干燥系统废气和反应系统的有机废气净化任务。干燥一车间共设置两套,该设备于2011年10月25日从生产厂家上海环保科技有限公司购得。干燥一车间环保设施于2012年3月由昌乐县环境保护监测站出具了“建设项目竣工环境保护验收监测报告书”。

4.“煤改气”工作情况

2017年3月10日,昌乐县政府办公室下发《关于做好燃煤小锅炉“清零”工作的通知》,要求6月30日前实现辖区燃煤小锅炉“清零”。各镇(街、区)党(工)委、政府(办事处、管委会)作为属地责任主体,具体负责辖区内10 t以下燃煤小锅炉的关、停、并、转“清零”工作。县住建局牵头负责禁燃区内10 t以下燃煤锅炉的关、停、并、转“清零”工作。县环保局牵头负责禁燃区外所有10 t以下燃煤锅炉的关、停、并、转“清零”工作。县经信局负责监督指导各镇(街、区)的“煤改气”工作。

2017年6月30日,昌乐县政府办公室下发《关于扩大高污染燃料禁燃区范围的通知》,要求2017年6月底前,高污染燃料禁燃区范围内20 t以下工业燃煤锅炉全部拆除或改用天然气、电灯清洁能源。有关街、区负责对禁燃区范围内高污染燃料燃烧设施进行拉网式排查,结合燃煤小锅炉“清零”工作,进行登记、拆除改造。县环保局负责禁燃区内工业燃用高污染燃料设施的监管、督查、指导、汇总上报等工作。县住建局牵头负责禁燃区内20 t以下燃煤锅炉拆除改造工作。县经信局负责协调供电公司对列入禁燃区范围内逾期未完成拆除改造任务的高污染燃料燃烧设施采取断电措施,配合镇(街、区)做好禁燃区内高污染燃料燃烧设施拆除工作。

至事故发生时，昌乐经济开发区除G公司外，其他企业10 t以下燃煤锅炉已全部拆除。

(二)事故发生经过及人员伤亡、经济损失情况

2017年12月19日7时30分左右，G公司安环部部长黄某接到昌乐经济开发区环保办公室电话通知，省秋冬季大气污染督查组即将来昌乐县，对重污染天气错峰生产、挥发性有机物等进行现场督查。接到通知后，黄某立即告知了生产部部长张某伟。张某伟随即安排干燥一、二、三车间全部停止使用燃煤热风炉改用燃气热风炉，8时、8时30分左右，干燥三、二车间相继点炉成功顺利开启燃气热风炉。

按照原定计划，环保督查组停车地点位于干燥二车间锅炉房南侧，干燥一车间人员在停用燃煤热风炉后，班长毛某荣安排人员到干燥系统三楼以及十楼打扫卫生迎接检查。8时20分左右，黄某通知张某伟环保督查路线改在干燥一车间等离子塔南侧，需要干燥一车间开启一套燃气热风炉。张某伟在同黄某确认环保督查组到达时间后，当即安排毛某荣10点左右开启未通过验收的干燥一车间2#燃气热风炉。

接到通知后，毛某荣安排人员开启2#燃气热风炉，因前期2#燃气热风炉在调试过程中多次出现点火不成功及熄火现象，而且一旦出现点火不成功或者熄火现象，燃气热风炉会自动进入自检循环模式(5 min/次，大约时间为25 min左右)。鉴于环保督查组到达时间，操作人员为节省点炉时间，绕过自动联锁对燃气热风炉进行手动点火，未成功，导致天然气窜入干燥系统，天然气与空气的混合气体顺气流经过旋风除尘和布袋除尘器到达低温等离子环保除味设备。9时14分许，天然气与空气的混合气体遇到等离子设备电火源发生爆燃，引燃干燥系统内及干燥装置周边可燃物料，引发火灾事故。现场6名人员撤离不及当场遇难，5名人员受伤，其中1名伤员在医院抢救无效死亡。

昌乐县价格认证中心于2017年12月28日出具了“关于G公司‘12·19’火灾事故固定资产损失价格意见”，核定该事故中固定资产直接损失为510万元，死亡人员赔偿费用共计9 690 394元，合计损失14 790 394元。

(三)事故原因和性质

1. 直接原因

该公司干燥一车间在由燃煤热风炉紧急停车切换燃气热风炉期间，违章

操作绕过自动联锁对未通过验收的燃气热风炉进行手动点火，导致天然气通过2#燃气热风炉串入2#干燥系统内，与系统内空气形成爆炸性混合气体，在2#低温等离子环保除味设备处遇到电火花发生爆燃，引燃1#、2#干燥系统内及干燥装置周边可燃物料，并引起部分粉尘参与爆炸，发生火灾事故。

2. 间接原因

(1)燃气热风炉工艺未经安全可靠性论证，未经正规设计，未经验收，违规投入使用。该热风炉只有生产单位提供的说明书，整个热风工艺无正规技术来源，未经安全可靠性论证，对热风炉中的天然气如果发生泄漏，易窜入干燥系统和与其联通的"低温等离子"废气处理装置的安全风险认识不足。没有委托具备相应资质的设计单位对整体设备和工艺管道进行设计，仅由热风炉设备提供方青岛东宇环保科技有限公司进行设备安装和调试。该系统仅由设备提供单位主持了几次试运转，并未进行验收和交付使用，尚不具备启用条件。企业在存在问题尚未解决、设备技术单位不在场的情况下，为应付环保检查匆忙开启燃气热风炉。

(2)联锁报警系统的设计、安装和维护达不到标准规范要求。该公司等离子废气处理和燃气热风炉均设有自控联锁系统。其中，等离子废气处理系统，按照与上海乾瀚环保科技有限公司签订的等离子除味系统补充协议，除原干燥系统出布袋除尘器的气体进入等离子除味器外，反应一车间、反应二车间放散气体(主要是未反应完全的丁二烯、苯乙烯等可燃气体)经脱气装置也并入到等离子除味器，但现场并未增加废气浓度实时监测，也未将声光报警和联锁与等离子处理器主机进行联锁，设备长期带病运转。

(3)从业人员法制观念淡薄，违章指挥、违章作业。该公司"煤改气"项目没有按照《建设项目安全设施"三同时"监督管理办法》(国家安监总局令第36号)等有关法律法规要求，履行安全设施"三同时"手续；企业法制观念淡薄，"煤改气"项目实施过程中，继续使用燃煤热风炉生产，为规避环保检查，严重违反工艺规程，强令职工冒险开启未经调试验收的燃气热风炉。

(4)工艺设备变更管理缺失，风险得不到有效控制。该公司"煤改气"从装置策划、施工安装到投入运行，企业没有按照国家安监总局、工业和信息化部《关于危险化学品企业贯彻落实〈国务院关于进一步加强企业安全生产工作的通知〉的实施意见》(安监总管三〔2010〕186号)规定，严格履行申请、安全论证审批、实施和验收等变更管理程序，没有全面评估分析"煤改气"变更过程产生的安全风险。操作人员在准备投用燃气热风炉前，没有对投用条件进行安全确认，未检查系统管道、阀门、安全设施、电气仪表系统是否处于安全备用状态，没有落实变更全过程的各项安全控制措施，没有制定完善变更后的工艺设备安全操作规程，企业对变更全过程风险完全处于失控状态。

(5)从业人员素质低，安全教育培训流于形式。事故车间共有34名操作工，70%为初中或小学文化水平，缺乏化工安全生产基本常识，对本岗位生产过程中存在的安全风险不掌握，安全意识淡漠，安全素质低，自我保护意识差，不符合国家对涉及“两重点一重大”装置的操作人员必须具有高中以上文化程度的要求。车间和班组日常安全培训，使用原料以代号表示，主要的工艺技术和产品方案采用英文符号代替，致使一线员工机械掌握工艺步骤，对所使用物料的种类、理化特性和固有危险及防范措施不了解、不掌握。

(6)安全生产风险分级管控和隐患排查治理主体责任不落实。企业安全生产意识淡薄，对安全生产工作不重视，安全责任制、规章制度和操作规程不健全、不落实，基础管理工作薄弱，安全生产责任落实流于形式；未制订2017年度隐患排查工作计划，提供的隐患排查治理记录不完善，没有按照《化工企业生产安全事故隐患排查治理体系细则》要求开展隐患排查活动；设备日常维护管理缺失，现场部分设备管道表面锈蚀、腐蚀严重，管道破损、漏点漏洞较多，甚至存在对破损管道用帆布包裹继续使用的现象；安全管理混乱，工艺操作记录、相关数据随意填写或变更；“煤改气”后两套系统(燃煤热风炉和燃气热风炉)并行，未制定切换方案和上下游装置协同操作要求，没有明确的切换操作步骤、异常情况处理和安全注意事项。

3.事故性质

经调查认定，G公司“12·19”较大火灾事故是一起生产安全责任事故。

(四)事故防范措施建议

针对这起事故暴露出的突出问题，为深刻吸取事故教训，进一步加强安全生产工作，有效防范类似事故重复发生，提出如下措施建议。

1.牢固树立以人为本、安全发展的理念

各级各有关部门、单位要深刻吸取事故教训，深入贯彻落实习近平同志关于安全生产工作的一系列重要指示精神，进一步强化以人为本、安全发展理念，弘扬“生命至上、安全第一”的思想，始终坚守“发展决不能以牺牲人的生命为代价”这条红线。要深刻认识安全生产工作的重要性、艰巨性、复杂性、紧迫性，提高政治站位，切实增强做好安全生产工作的责任感、紧迫感、压力感，认真落实“党政同责、一岗双责、齐抓共管、失职追责”的安全生产责任体系，坚持“管行业必须管安全、管业务必须管安全、管生产经营必须管安全”的要求，全面落实各行业、各部门、各环节的安全管理责任，做到横到边、纵到底，无死角、全覆盖。进一步压实属地管理责任，健全完善开发区安全生产监管体制机制，配足配强安全生产监管执法人员，依法履行安全生产监管和执法职责，全面提升开发区安全生产监管能力和水平。

2.深入开展安全生产综合整治大行动

强化“隐患就是事故”的理念，认真开展以“查风险、除隐患、防事故”为重点的安全生产综合整治大行动，在各行业各领域开展拉网式、地毯式的安全生产集中排查整治，特别要聘请专家进行现场“诊断式”检查，切实提高识别发现、排查整治隐患的能力。持续开展危险化学品企业安全生产专项整治，结合2017年11月底至2018年3月底开展的冬季安全生产大检查工作，切实抓好化工产业安全生产“大快严”紧急行动，组织开展“回头看”，对发现的问题逐一进行对账销号。督促企业深入细致地排查各类安全风险和事故隐患，做到深入细致、不留死角、不留盲区。强化安全生产执法检查，坚持“五个一律”，保持安全生产“打非治违”高压态势，坚决防止各类事故发生。

3.全面停产整顿，深入排查、彻底整治各类安全隐患

G公司要以此次事故为教训，举一反三，对发生事故的深层次原因进行分析研究，认真开展自查自纠活动，全面停产停业整顿。要深入查找安全生产管理上的漏洞和生产设备、设施存在的事故隐患，立即对生产场所进行一次全面拉网式大检查，对检查出的隐患要抓好整改落实。特别对此次事故中暴露出的开停车安全管理、燃气加热系统、联锁报警系统、低温等离子环保除味设备、工艺设备变更管理、从业人员素质、安全教育培训、设备日常维护管理等问题要彻底整改到位后，方可恢复生产。

4.切实加强“煤改气”监管，确保安全风险得到有效管控

要高度关注“煤改气”过程中出现的新情况、新问题，强化安全风险预判，有针对性的采取应对措施，及时削减管控安全风险。立即组织对本辖区涉及“煤改气”的化工、冶金、有色、建材、机械、轻工、纺织等行业企业进行全面摸底排查，分行业进行汇总、分县市区成册。督促准备实施或正在实施“煤改气”的工业企业，对改造方案进行风险辨识，根据辨识结果，进一步完善改进安全风险管控方案；已经完成改造的工业企业，要立即开展安全隐患排查，对发现的

隐患和问题要立即进行整改。天然气供应企业要认真履行社会责任，加强对工业企业“煤改气”工作的技术指导和支持。要按照“管行业必须管安全”的要求，加强对天然气供气装置、设施的安全管理，确保“煤改气”项目各个环节的安全。

5. 多措并举，强化企业主体责任落实

从严督促企业主体责任落实，着重抓好以下工作：一是抓好安全生产风险分级管控和隐患排查治理体系建设。督促企业牢固树立风险意识，将“双重预防体系”建设作为企业落实安全生产主体责任的核心内容。二是加强变更过程安全管理，健全完善相关规程要求。企业在工艺、设备、仪表、电气、公用工程、备件、材料、化学品、生产组织方式和人员等方面发生的所有变化，都要纳入变更管理，建立变更管理制度。三是严格从业人员资格准入，强化安全教育培训。对涉及“两重点一重大”的装置操作人员必须具有高中以上文化程度，相关专业管理人员必须具备大专以上学历；加强对员工的日常安全培训教育，使每一名从业人员充分了解和掌握工作岗位存在的危险因素及防范措施，切实提升员工的安全技能和风险意识。四是多措并举，倒逼企业主体责任落实。对企业主体责任不落实、非法违法行为，通过有奖举报、顶格罚款、停业整顿、吊销许可证、司法措施、失信惩戒等手段，倒逼企业落实主体责任。

参 考 文 献

[1] 刘作华,陶长元,范兴.化工安全技术[M].重庆:重庆大学出版社,2018.

[2] 朱亚威,王大琦,吴亚星,等.安全生产事故案例分析[M].北京:气象出版社,2011.

[3] 张乃禄,肖荣鸽.油气储运安全技术[M].西安:西安电子科技大学出版社,2013.

[4] 席劲瑛,王灿,武俊良.工业源挥发性有机物(VOCs)排放特征与控制技术[M].北京:中国环境出版社,2014.